從塊根到蘆薈屬，
各類多肉應有盡有
各章節最後皆提供
栽培方式＆栽培時間表

[封面]左上／象牙宮（P.28）、右上／水晶玉露（P.45）、左下／桃太郎（P.57）、右下／旋轉神代（P.69）
[前折口]由上而下，依序是翠貝（P.44）、橙紅子孫球（P.72）、紅大內玉（P.86）
[封底]左上／阿拉伯沙漠玫瑰 捲葉實生（P.31）、右上／火燒百合（P.110）、左下／尼古拉（P.49）、右下／緋牡丹錦（P.68）
[後折口]上／雪蓮（P.56）、下／阿麗錦（P.103）

A perfect
book
on
succulents

序言

令人醉心的多肉植物，
時而展現精緻美姿，
時而散發奇異風采。
為了在雨量極少、溫差極大
等環境苛刻的地方生存下去，
多肉植物進化成如今這般
令人驚豔的獨特外形。

本書以人氣品種為主軸，
介紹101種基本款與稀有款品種。
除了介紹基本栽種方法與訣竅，
還會傳授進階栽種技術，
帶領你享受更多栽培樂趣！
不論是初學者或有經驗的玩家，
都能學到可靠的栽種知識。
就讓這本栽培全書陪伴你，
與大自然創造的生命藝術品
一同享受充滿樂趣的生活。

多肉植物
的完美養成攻略
A perfect book on succulents
Caudex
Haworthia
Echeveria
Cactus
etc.
裸萼球屬
新天地
奇異洋葵
安哥拉葡萄甕
十二卷屬
玉扇
雪蓮
象牙宮
十二卷屬
十二之卷錦
擬石蓮屬
琳賽
士童
十二卷屬
姬玉露
監修
鶴岡秀明
長田研
松岡修一
山城智洋

多肉植物
的完美養成攻略

contents
A perfect book on succulents

左／費拉蘆薈　一種可用於藥用的多肉植物。
右／仙人球屬　狂刺五。一種仙人掌，金鯱的突變種。

A perfect
book
on
succulents

形狀獨特、充滿魅力的塊根植物。同一品種當中，不會出現第二個形狀一樣的塊根植物。
左／黑皮月界　中／溫莎瓶幹　右／象足漆樹

A perfect
book
on
succulents

光是佛甲草屬就有許多種豐富特色。將不同品種的佛甲草組合起來，做成小型花束後種入盆器中，就能培育出美麗的混植植物。

佛甲草花環製作：TOKIRO

擬石蓮屬澎滿的葉片互相交疊，呈現如玫瑰般的美麗外形。擬石蓮屬有著豐富的顏色與形狀變化，而且易於栽培，是十分受歡迎的多肉植物。擬石蓮屬會隨著季節變化而有不同的樣貌，時而開花，時而轉為紅葉，為我們帶來許多樂趣。
A perfect book on succulents

多肉入門

栽培多肉
從基礎款品種
開始著手

日本的百元商店裡，
通常約有
20～30種多肉植物，
每年大約會販售
100種多肉植物，
有時甚至還會出現稀有品種。
正在考慮種植多肉植物嗎？
不妨試試從容易購得的品種
開始輕鬆入門。

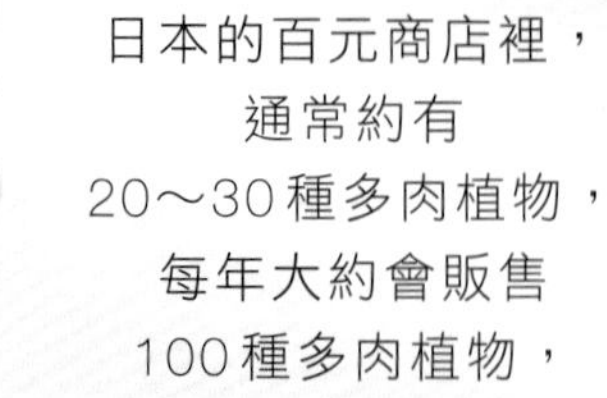

易於照護的強健品種

科名／屬名			植物名	
景天屬X擬石蓮屬	1	春秋生型	綠焰	葉子邊緣帶有紅色
風車草屬X擬石蓮屬	2	春秋生型	白牡丹	顏色淡雅的葉片，深受喜愛
風車草屬X景天屬	3	春秋生型	姬朧月	顏色會隨著季節或環境而改變
卷絹屬	4	春秋生型	瞪羚	絨毛覆蓋住呈蓮座狀的葉片
瓦松屬	5	春秋生型	子持蓮華	由匍匐莖培育出新株
馬刺花屬	6	夏生型	Plectranthus tenuiflorus	有著如天鵝絨般的觸感
厚敦菊屬	7	冬生型	黃花新月	紫色莖幹會於秋季時轉黃
千里光屬	8	冬生型	藍粉筆	成長茁壯後，莖部會木質化
馬齒莧樹屬	9	夏生型	雅樂之舞	葉片呈現扇形

尖尖刺刺的仙人掌類

科名／屬名			植物名	
仙人掌科	10	夏生型	月影丸	惹人憐愛的花朵，令人陶醉
銀毛球屬	11	夏生型	滿月	白刺生長茂密，十分美麗
仙人掌科	12	夏生型	白烏帽子	可愛的新芽接連生長
仙人掌屬	13	夏生型	大理石	特徵是具有如大理石般的白色紋路
仙人掌科	14	夏生型	翁團扇	布滿白毛的外形別具特色
圓筒仙人掌屬	15	夏生型	將軍	配合生長狀況，刺與葉片相互纏繞
仙人掌科仙人球屬	16	夏生型	綾波	尖刺隨生長狀況變粗、變銳利
十二卷屬	17	春秋生型	水晶殿	淺綠色葉片新鮮水嫩、美麗動人
大戟屬	18	夏生型	麒麟花	有粉色、黃色等多種花色，活潑可愛

入門起步很重要！如何挑選多肉植物？

在店家挑選多肉植物時，
需要確認哪些事情？
挑選重點大公開，
安心體驗多肉植物生活!!

邂逅喜歡的植株須確認植株狀態

不論是在百貨材料行還是一般園藝店，關於挑選植株的方法其實並沒有不同。挑選時，需要注意幾項要點：根部是否腐敗、是否長太高（徒長）、是否褪色。

不過，正因為多肉植物的種類繁多，有時當我們看上某個植株時，常常過這個村就沒這個店了。姑且不論根部腐敗的問題，如果外形不好看，可以之後再加以照護修整。所以如果遇到了喜歡的植株，有時也可以直接買下來。

最好不要購買這種植株，腐敗的根部會導致最下方的葉片枯萎（左）。植株長太高，下方葉片因腐敗而垂落（右）。

採買時，確認以下3大要點！

CHECK 1 根部有沒有腐敗？

商店裡販賣的植物有可能會因為日照不足，或是過度頻繁地澆水，導致植株的根部腐敗。請檢查接觸到土壤的莖部，以及下方的葉片是否有枯萎，並且仔細確認植株根部附近的狀況。

CHECK 2 植株是否長太高（徒長）？

一般來說，成長速度快的多肉植物，在商店裡賣得比較好。也因為如此，有些長期放在商店裡的植株就會出現長太高的情況。如果買到這種徒長的植株，請加以修剪並重新栽培。

CHECK 3 整體顏色是否褪色？

要培育出健康的多肉植物，陽光是必不可少的要素。植物受到商店裡的日光燈照射之下，有可能會褪色或失去原本的色澤。不過買回家後，將多肉植物放在日照良好的環境裡培育，就能解決這個問題。

購買後必須立刻檢查標籤

標籤上標有植株屬名等相關資訊，可以透過這些資訊查詢其生長類型（請參照P.20～21）或特性，因此建議保留標籤。此外，店家販售時期大多為多肉植物的生長期，如果盆栽沒有附上標籤，也請記住購買的時間。

帶回家後
長期照護你的多肉
享受栽培之樂！

為特地買來的
可愛多肉
多下一點功夫，
就能陪我們長長久久。

根系堵塞？
請移植換盆

採買回來的多肉植物，剛開始的2～3個月可以用原本的小盆栽來培育。若植物生長順利，原本的盆栽就會慢慢變得太小了。如果根系在盆栽中堵塞了，下方葉片會發生枯萎等問題，因此必須在問題發生前就進行移植。

移植的適當時機端視各品種的生長期（請參照P.20～21）。請避開在休眠期、生長緩慢時期，或是梅雨時節進行移植；移植前2～3天起便要停止澆水。移植過後，待植物生根後再次澆水（種類不同，生根時間各異）。之後大約每1～2年定期移植一次；必要時可採分株法移植，便可以長期培育，享受栽培的樂趣。

植株在盆栽中的適當大小範圍

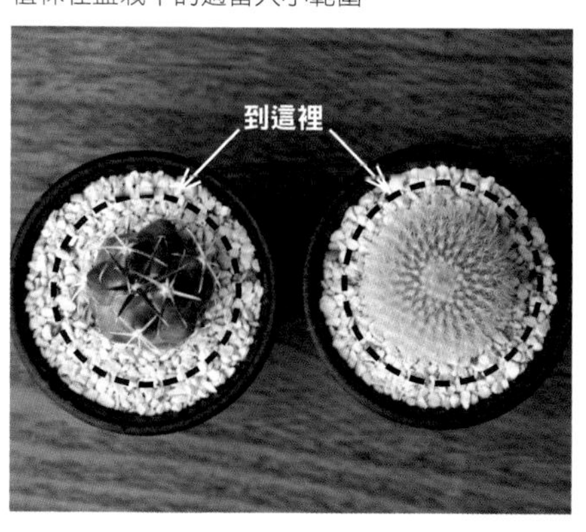

2～3天前
停止澆水

Process 1

千兔耳（夏生型品種）長大了。根部堵塞，造成下葉枯萎。

Process 2

除去枯葉，從盆栽中拔出植株。

Process 3

撥鬆根系上的土團，拍掉約1/3～1/2的土。若有殘留的受傷根部，請趁這時去除。

Process 4

將土團放入比原本大一圈的盆栽裡，上方覆蓋多肉植物專用的乾燥培養土。

Process 5

完成換盆後的樣子。3～4天後再澆水。

像這類盆栽買回家後請立即換盆

為了運送方便，土壤表面還會鋪上沙子，再用黏膠固定，但這種做法會讓水分難以滲透。因此購買後請立刻除去表面的沙子，並用新的土壤換盆。

從小養到大！培育令你

只要照顧得好，多肉這類植物
可以陪伴我們好幾年，甚至幾十年。
將容易取得的小植株栽培成大植株，
更能加深我們對它的感情。
本章節介紹3種代表性多肉植物，
教你栽種小植株的樂趣與訣竅。

詳見P.28品種介紹

象牙宮

Pachypodium rosulatum var. gracilius

驕傲的大植株！

10~15年

塊根的魅力在於百變的外貌

象牙宮具有圓滾滾的塊根，魅力十足。塊根的圓形外觀有個體差異，會因實生苗（從種子播種發芽成苗）栽種方式的不同而有所差異。不過，大量替塊根施肥，並不會讓塊根變粗壯，反而會帶來反效果。大量施肥會導致植株快速生長，只有枝幹長得又細又長，容易造成外形走樣。

養出渾圓外形的小技巧

①控制施肥量

不要施肥，或是只在生長期使用一次液態施肥。減少施肥量，不要任由植株無謂地生長，平時只需要澆水，採用斯巴達式的養護方式，生長速度會非常緩慢，植株也會變得很扎實。處於生長期的實生象牙宮十分需要水分。基本上，當盆器內部變乾時就要澆水。不過，在盛夏時節陽光直射的情況下，每2～3天就必須澆一次水。

②別讓植株開花

如果想要種出渾圓的塊根，生長過程中請不要施肥。訣竅在於盡量延長第1～2年的開花時間；因為象牙宮一旦開花後，枝幹會分開，塊根也會分離。

施肥少一點，較能長成大植株。雪蓮特別不耐高溫悶熱的環境，老舊的下葉可以幫助表面土壤與植株之間保留空隙，因此請不要除去枯葉，以確保植株與土壤接觸的部分能保持通風。可以施肥（請參照P.66）。

P. 56 品種介紹

雪蓮

Echeveria laui

一般來説，玉扇葉片若呈現整齊的扇形就代表狀態良好。植株會從內側長出新葉，並依序向外側移動，形成舊葉。如果想要避免修剪舊葉並保持植株整齊，則須提供良好的通風環境；春季到秋季期間的日照需求，遮光率須為50%。可以施肥（請參照P.52）。

P. 47 品種介紹

十二卷屬 玉扇

Haworthia truncata

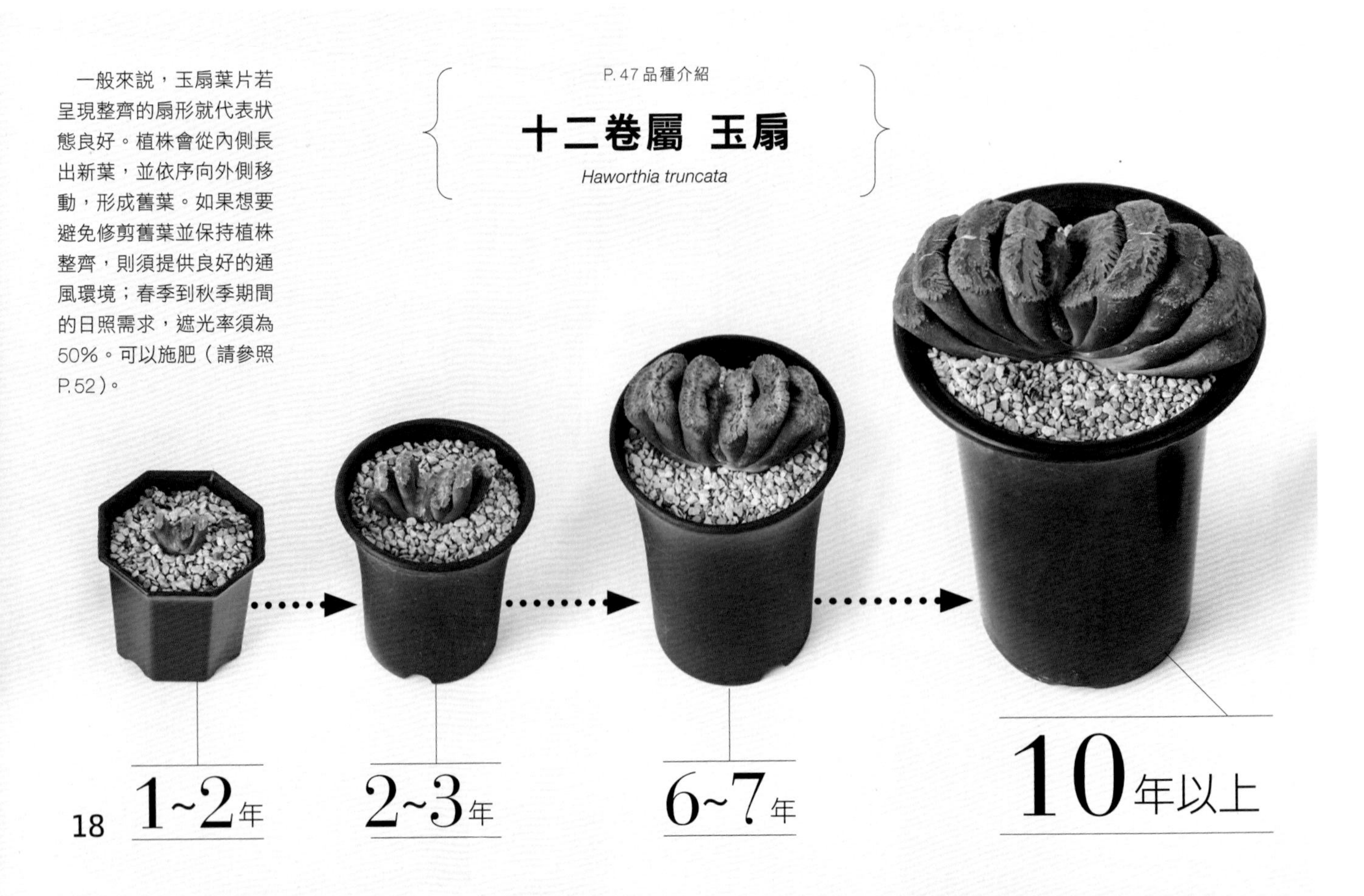

多肉植物的栽培基礎知識

超級簡單好上手的
多肉植物與仙人掌栽種法。
通用於所有品種，
3大栽培基礎知識。

基礎知識

1 生長類型

多肉植物
有3種
生長類型。

基礎知識

2 澆水

豐滿的葉片是
水與養分的儲藏室。
但要注意
不可澆太多水！

基礎知識

3 置於戶外

提供良好日照
與通風環境，
多肉植物才能
健康長大！

生長類型

依生長旺盛季節
為分類依據
分成3種生長類型

生長類型是栽種多肉植物時，不可或缺的重要資訊。生長類型可透過比對原產地環境與當地氣候，根據生長最旺盛的季節，分出「春秋生型」、「夏生型」、「冬生型」3種類型。每種生長類型的生長旺盛季節、生長緩慢季節和休眠季節各不相同。栽種時，須依據各品種的生長類型，改變植物的放置地點或澆水方式。

Column

種名是了解
生長類型的必要條件

種名或品種名，是用來得知植物生長類型的必要資訊。世界上有上千種多肉植物，即便是外形類似的多肉，也有可能是完全不同的品種。購買時，請挑選附有種名或是品種名標示的商品，才能隨時了解植物的相關資訊。若是對栽種方法有疑慮時，只要知道種名或品種名，就可以透過網路或圖鑑查詢資料。

十二卷屬

春秋生型

其他代表性種類

擬石蓮屬、卷絹屬、厚葉草屬、青鎖龍屬

生長特徵

適合生長的溫度為10～25℃。生長期為春季與秋季。夏季生長速度趨緩，冬季進入休眠期。就算多肉植物進入了休眠期，也不可以放著不管。冬季時，請將植物移至日照充足的室內窗邊或溫室等場所，並且做好防寒措施。

仙人掌科

夏生型

其他代表性種類

仙人掌科、蘆薈、大戟屬、伽藍菜屬、部分塊根植物

生長特徵

適合生長的溫度為20～35℃。生長期為夏季，春季與秋季時生長速度趨緩，冬季進入休眠期。夏生型多肉並不耐高溫，盛夏時期直射的陽光會燒傷葉片。此外，夏生型多肉也不耐氣溫高於25℃的熱帶夜，因此須保持通風環境。冬季必須做好防寒措施。

番杏科

冬生型

其他代表性種類

蓮花掌屬、部分千里光屬、厚敦菊屬、奇峰錦屬、部分塊根植物

生長特徵

適合生長的溫度為5～20℃。生長期為冬季。春季與秋季生長速度趨緩，夏季進入休眠期。比其他類型來的喜歡低溫環境。不過，冬生型多肉並不耐冬季酷寒，須避免接觸冬霜等寒冷環境。冬生型多肉受寒時，請將植物移進室內並做好防寒措施。

基礎知識 2

澆水

水分拿捏得宜
是栽培一大關鍵！
失敗的原因
大多是澆太多水

多肉植物本來就能在乾燥貧瘠的地方自行生長，多肉擁有豐滿的葉片或肥大的根莖等部位，具有自行儲存水分的功能。因此多肉和其他花草類植物不同，並不需要太多水分。土壤轉乾後再澆水，基本上只要加到水從盆器底部流出來為止即可。有些品種進入休眠期時，完全不需要澆水，必須進行斷水。

水分不會過多或過少，健康的葉片顏色鮮豔且飽滿。

水澆太多造成根部腐爛，葉片變色、變軟。

外圍葉片呈咖啡色且乾枯，代表水分不足。

Point 1

澆水方式

基本澆水法

澆水的基本方式，就是將水加到從盆器底部流出來為止。本書提及的「控制澆水頻率」、「開始慢慢澆水」、「維持乾燥」等說明，在無特定情況下，一般是指「調整澆水的間隔時間」，而不是指澆水量。「加到水從盆器底部流出來為止」，也是採分次澆水的模式。

休眠期

可將水澆到表面土壤微溼的程度，或是採用「噴霧式」澆水法，用噴瓶替葉片澆水。除此之外，還有許多品種完全不需要水分，必須進行「斷水」。休眠期的多肉根部吸收水分的速度會變慢，也有可能完全無法吸收水分，因此若像平常一樣澆水，盆栽內部會太潮溼。

Point 2

兩種介質的乾燥形式

表面土壤的乾燥程度

請用眼睛確認或摸摸看表面土壤，確認盆栽中的土壤表面是否乾燥。生長期時，原則上請在表土乾燥時澆水。不過也有一些品種特別不耐潮溼，需要等表面土壤風乾4～5天後再澆水。

盆栽內部乾燥程度

許多多肉植物需要在休眠期或生長緩慢時期，依盆栽內的乾燥程度來決定澆水時機。我們無法從外觀判斷盆栽內的水分狀況，因此請插入一根木棒（可用咖啡專用攪拌棒）再拔出來，藉此確認土壤的乾燥情形。

確認盆栽土壤是否乾燥

乾燥

潮溼

Point 3

各生長類型的基本澆水方式

春秋生型

春季與秋季時期，盆栽裡的土壤轉乾後澆水。冬季時每個月只要澆1～2次。悶熱的夏季也採用同樣的澆水方式，停止澆水並讓植物進入休眠後，可防止根部腐敗，避免植株受傷。

夏生型

夏季需要澆水，但如果植株生長狀況變差，就該調整澆水頻率，冬季則停止澆水。春季到秋季時期，待盆栽內部風乾2～3天後再澆水。

冬生型

冬季澆水時，要避開氣溫下降的時段，請在天氣晴朗的上午時段澆水。秋季到春季，盆栽內部風乾2～3天後澆水。夏季停止澆水。

Column

從植株上方澆水？還是澆盆土表面？

替擬石蓮屬等蓮花座狀的多肉澆水時，若是從植株上方澆水，葉子和葉子之間會積水，造成植株受傷。可用澆花器從盆土表面開始澆水，避免葉片太潮溼。不過，也有些多肉植物適合採用在葉片上噴水的噴霧式澆水法。依不同種類來調整澆水的方式。

基礎知識 3

置於戶外

必須提供陽光充足、通風良好的環境；夏天日照調整很重要

想要培育出頭好壯壯的多肉植物，陽光與通風環境是必不可少的條件。日照不足，會造成植株徒長或褪色；但盛夏時的陽光太強會燒傷葉片，這時便要將植株移到半日照的地方，也可以用遮陽網調整日照程度。另外，許多品種在冬季5℃以下環境時會枯萎，請暫時移到室內或溫室等場所。

蓮花掌屬黑法師。如果日照不足，植株會為了得到少許陽光而徒長。

充分地沐浴在日光下的植株，莖幹筆直地生長。

栽培基本工具

市售含有基肥的花草專用培養土。只要做好排水就不會有問題。

仙人掌與多肉植物專用土以輕石為主，須混入1/2的花草專用培養土。

土

請使用排水功能佳的介質。可選用一般市售的仙人掌與多肉植物專用土，但有些介質的排水功能太好，容易造成水分不足。也可以用含有基肥的花草專用土，只要排水狀況良好就沒問題。

彩繪盆　塑膠盆　素燒盆

盆器

栽種多肉植物需要使用排水良好的介質，建議選擇塑膠盆或彩繪盆。排水良好的介質搭配素燒盆，在生長期期間水分容易蒸發，所以一天必須澆2次水。

填土器

用於種植或移植。為方便使用，可以準備不同大小的填土器。

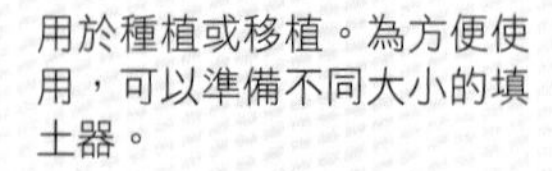

鑷子

移植仙人掌等帶刺品種時使用，也可以用來夾取枯葉或垃圾。為方便使用，建議準備不同大小的鑷子。

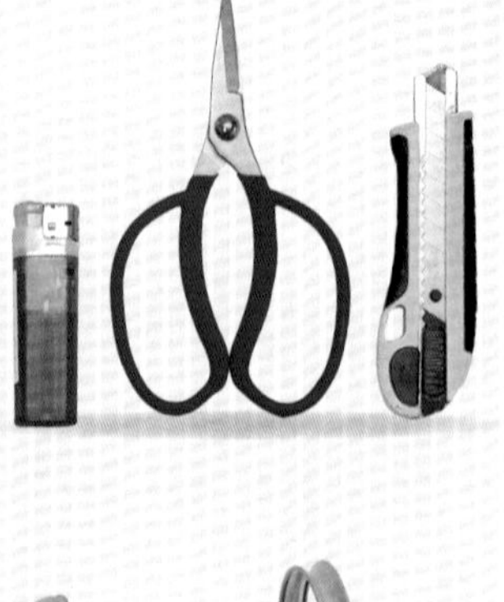

剪刀、美工刀、打火機

修剪或扦插植物時使用，也可以用來取下爛葉。若刀片太鈍，容易傷害植株組織，引發植株生病。因此請使用銳利的刀片，並且用打火機燒刀片前端以消毒。

澆花壺、澆花器、噴瓶

澆花壺適合用在需要從底部開始澆水的植株。至於可灑出霧狀水的澆花器和噴瓶，則適合用於葉片灑水的「噴霧式」澆水法。

各生長類型的栽培時間表

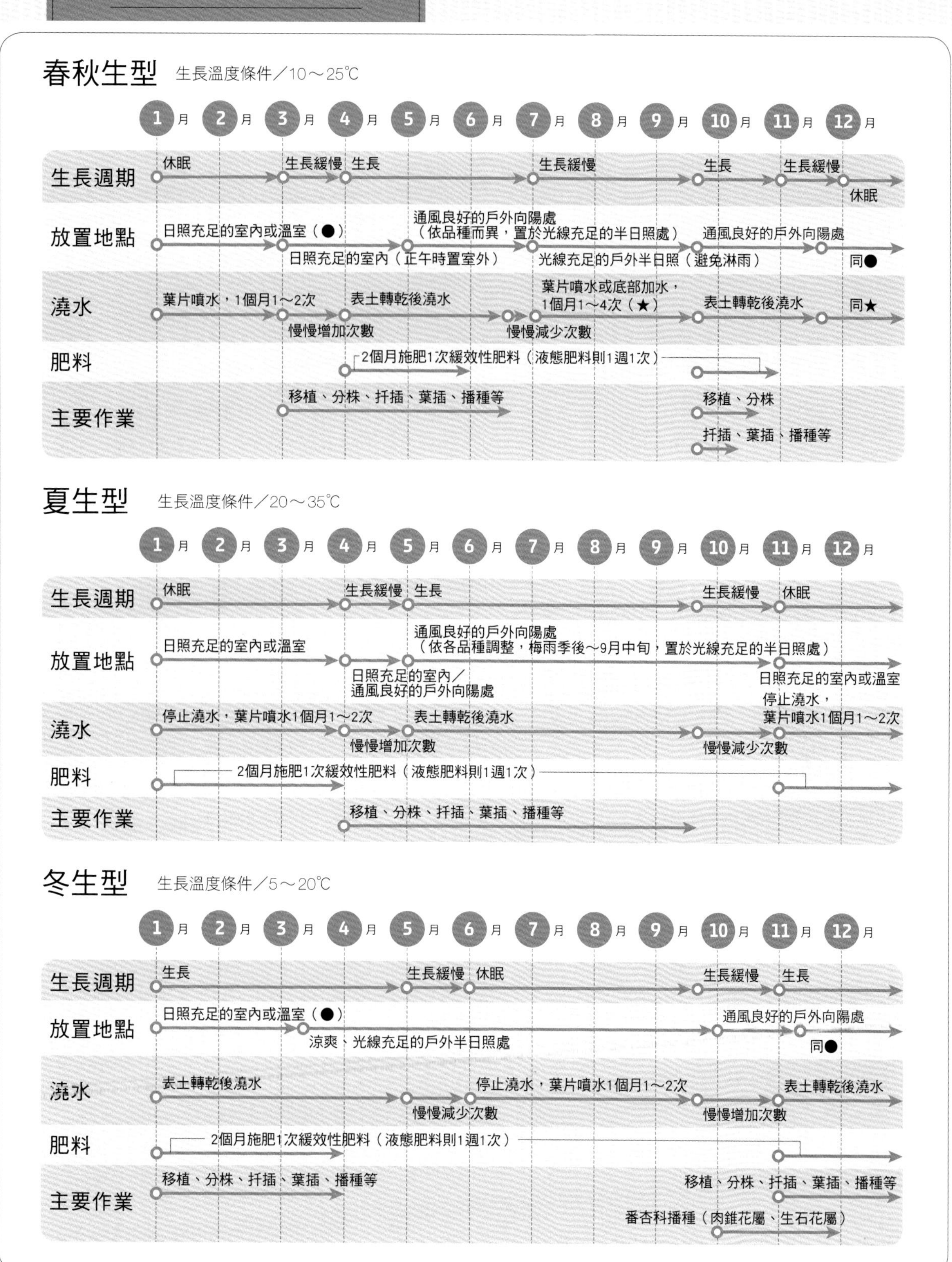

生長類型

共有春秋生型、夏生型與冬生型的標示。

春秋生型

春季與秋季生長，夏季生長變慢，冬季休眠。

夏生型

夏季生長，春秋季生長變慢，冬季休眠。

冬生型

冬季生長，春秋季生長變慢，夏季休眠。

難易度

栽培難度分為5個等級。★愈多，難度愈高。

★☆☆☆☆	容易
★★☆☆☆	還算容易
★★★☆☆	普通
★★★★☆	有點困難
★★★★★	困難

夏生型

緋牡丹錦

Gymnocalycium mihanovichii 'Hibotanmishiki'

仙人掌科
裸萼球屬

難易度 ★★★☆☆
生長速度 ★★☆☆☆

瑞雲丸中帶有斑紋的品種，具有緋紅色或黃色紋路，協調的斑紋凸顯緋牡丹錦的價值。陽光直射時，會降低植株的色澤造成顏色變白、身形變瘦，因此請配合時間或環境，將遮光率控制在30～50%。生長期時，保持環境溫度25～50℃，維持溫度與溼度稍高，就能栽培出顏色鮮豔的美麗植株。

植物名

表示學名、中文名、園藝名等普遍常用的名稱。

學名

科名／屬名

生長速度

生長速度分為5個等級。★愈多，成長速度愈快。

★☆☆☆☆	緩慢
★★☆☆☆	稍慢
★★★☆☆	普通
★★★★☆	稍快
★★★★★	快速

＊有關生長類型與生長速度資訊，以日本關東地區以西為準。

特徵與栽培方式

外形特徵、性質與栽培方法解說。

◎各章節頁尾有各品種的基本照顧方式，以及一年的栽培時程。

多肉植物圖鑑

Caudex
Haworthia
Echeveria
Cactus
etc.

塊根植物

夏生型

象牙宮

夾竹桃科	
棒錘樹屬	
難易度	★★★☆☆
生長速度	★★★☆☆

棒錘樹屬植物當中最受歡迎的品種。春天時會開出黃色的花。一年中須充分接收日照直射，生長期長出葉子且表土轉乾後澆水。大約秋季過後，葉片會凋落並進入休眠期，休眠期請停止澆水。可耐最低溫度為5℃，氣溫低於10℃時，請將象牙宮放置在日照良好的窗邊或是溫室裡。

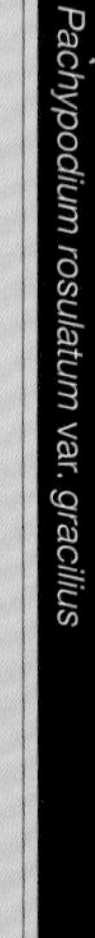

Pachypodium rosulatum var. gracilius

根莖部肥大，可以用來儲存水分或澱粉的種類，統稱為塊根植物。根部外形肥大且渾圓的植物一般統稱「薯類」，薯類獨特的外形正是其魅力所在。除了獨特的根部之外，各個品種的樹形、葉片、尖刺、質感等特徵大不相同。

塊根植物的成長速度大多較慢，要養出肥大的根部，往往可能需要花上幾十年的歲月，可以說窮盡一生才能養好一株塊根植物。塊根植物分為夏季生長的「夏生型塊根植物」，以及生長於秋季至春季期間的「冬生型塊根植物」。

Caudex

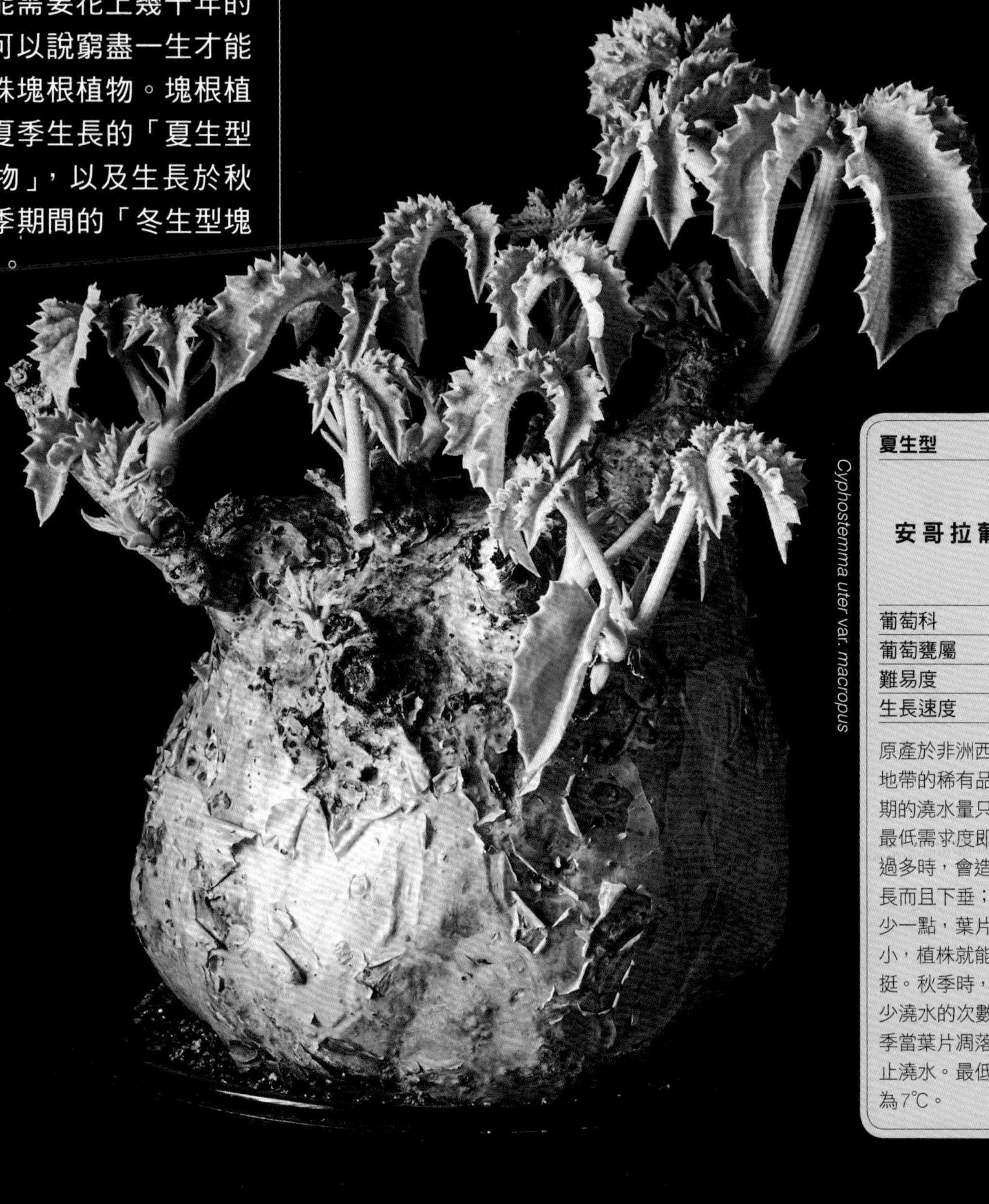

Cyphostemma uter var. macropus

夏生型

安哥拉葡萄甕

葡萄科	
葡萄甕屬	
難易度	★★★☆☆
生長速度	★☆☆☆☆

原產於非洲西南部乾燥地帶的稀有品種。生長期的澆水量只需要達到最低需求度即可。水分過多時，會造成葉柄變長而且下垂；水分給予少一點，葉片便會長得小，植株就能夠站得更挺。秋季時，請慢慢減少澆水的次數，進入冬季當葉片凋落後便要停止澆水。最低可耐溫度為7℃。

Commiphora kataf

夏生型

白皮橄欖

橄欖科	
沒藥屬	
難易度	★★★☆☆
生長速度	★☆☆☆☆

白皮橄欖最大的魅力，就在於光滑且黑白對比的樹皮。白皮橄欖的樹皮會重複脫落，並長出新的表皮。植株全年皆需要充足的日照，春季到秋季期間為生長期，需要放在通風良好的戶外場所；進入冬季氣溫低於15℃時，請將植株移至日照良好的室內或溫室裡。最低可耐溫度為10～15℃。

夏生型

福桂樹

福桂花科	
福桂樹屬	
難易度	★★★☆☆
生長速度	★☆☆☆☆

福桂樹的綠色莖部及從莖幹上伸出的長針極具魅力。需要充分的日照與風吹，否則會因徒長而養出虛弱的植株。耐寒性強，最低可耐溫度為3℃。冬季落葉後停止澆水。列入華盛頓公約附錄一。

＊華盛頓公約：條約制定目的是為了保護特定的野生動植物物種，避免過度的國際交易行為。

Fouquieria purpusii

Commiphora sp. 'Eyl'

夏生型

錬珠橄欖

橄欖科	
沒藥屬	
難易度	★★★★☆
生長速度	★☆☆☆☆

原產自索馬利亞的努加爾州艾勒，特徵是強壯隆起的枝幹。原產地極度乾燥，短暫的雨季後就能長出葉子，因此若在生長期時停止供水，葉片會馬上凋落。待晚秋葉子開始凋落後停止澆水，並移到日照良好的室內或溫室裡。枝幹會散發香氣。最低可耐溫度為10～15℃。

春秋生型

韌錦

馬齒莧科	
回歡龍屬	
難易度	★★★★☆
生長速度	★★☆☆☆

葉片如犄角般突出，鱗狀的銀色短葉會相互交疊。夏季與深冬為休眠期。植株適合栽種於日夜溫差大的環境，不耐盛夏烈日與悶熱環境，需要提供20～40%遮光度，且環境須保持通風。盆器內部轉乾後再澆水即可，休眠期1個月澆1～2次，盡量保持表土乾燥。最低可耐溫度為3℃。

Avonia alstonii

Adenium arabicum

夏生型

阿拉伯沙漠玫瑰 捲葉實生

夾竹桃科	
沙漠玫瑰屬	
難易度	★★★☆☆
生長速度	★★☆☆☆

這款是阿拉伯沙漠玫瑰（P.33）葉片捲曲的品種。易形成分枝，莖幹粗胖。盆器內部完全轉乾後澆水。初夏至秋季時，淋過雨的植株較不容易長蟎蟲，可養出漂亮的阿拉伯沙漠玫瑰。冬季氣溫達5～10℃以下時，移至日照良好的室內或溫室，並停止澆水。初夏會開出深粉色的花朵。

冬生型

羽葉洋葵

Pelargonium triste

牻牛兒苗科	
天竺葵屬	
難易度	★★★☆☆
生長速度	★☆☆☆☆

結實塊根和纖細葉片形成強烈的對比，魅力十足。羽葉洋葵的花朵雖然小，有些普通，但卻帶有如丁香般的濃烈香氣。生長期需要放置於日照充足且通風良好之處。盆器內部完全轉乾後再澆水。耐寒性強，冬季最低可於5℃的環境中生長。夏季休眠時期，置於半日照的陰涼處並停止澆水。

Adenium arabicum

夏生型

阿拉伯沙漠玫瑰

夾竹桃科	
沙漠玫瑰屬	
難易度	★☆☆☆☆
生長速度	★★★★☆

原產自阿拉伯半島的南部，但市面上流通的植株大多為泰國的園藝品種。植株的莖幹寬胖，有許多分枝，且會開出粉紅色的花朵。初夏到秋季時可讓植株稍微淋雨，較不容易長蟎蟲。冬季時，請將植株移至氣溫不會降至5～10℃以下，同時確保日照充足的室內窗邊或溫室，並停止澆水。

Dorstenia lavrani

夏生型

琉桑

桑科	
琉桑屬	
難易度	★★★☆☆
生長速度	★★★☆☆

琉桑屬品種當中唯一的雌雄異株。琉桑為小型品種，高度約15公分，塊根呈筆直生長，波浪狀的葉子從頂端開始向外展開。生長速度比其他同種的塊根植物來得慢，成熟後會開出星形花朵。子株會從植株底部生長出來。喜歡半日照環境。氣溫降至15℃以下時請移到室內或溫室。

夏生型

象足漆樹

漆樹科	
蓋果漆屬	
難易度	★★★★☆
生長速度	★☆☆☆☆

象足漆樹的生長速度非常緩慢，尤其近年來原生長地的象足漆樹更是大量銳減。為華盛頓公約附件二的規範品種。初夏到秋季時，可讓植株在戶外稍微淋雨，冬季時則須放置於室內窗邊。澆水時，只要等盆器內部完全乾燥後再充分澆水即可，冬季休眠期則停止澆水。

Operculicarya pachypus

Adenia glauca

夏生型

幻蝶蔓

西番蓮科	
蒴蓮屬	
難易度	★☆☆☆☆
生長速度	★★★★☆

最適合作為栽種塊根植物的入門品種。如同酒壺般的綠色外形，葉子從長長的莖部伸出。春季到秋季時，須置於通風良好、日照充足的戶外。冬季時，請移至氣溫不會降至5～10℃以下且日照充足的室內窗邊或溫室。葉子開始凋落時，慢慢減少澆水次數；葉子凋落後便停止澆水。

夏生型

棒錘樹屬 惠比壽大黑

夾竹桃科	
棒錘樹屬	
難易度	★★★☆☆
生長速度	★★★☆☆

為惠比須笑與席巴女王玉櫛交配後，偶然誕生的斑紋稀有種。渾圓的塊根上長著尖刺，葉片則有細緻的斑紋，非常美麗。看起來像犄角的部分是種子的殼。惠比壽大黑既結實又易於照顧，全年須栽種於日照充足之處，冬季氣溫達10℃以下時，則移至日照充足的室內或溫室。

Pachypodium 'Ebisu-Daikoku' variegatum

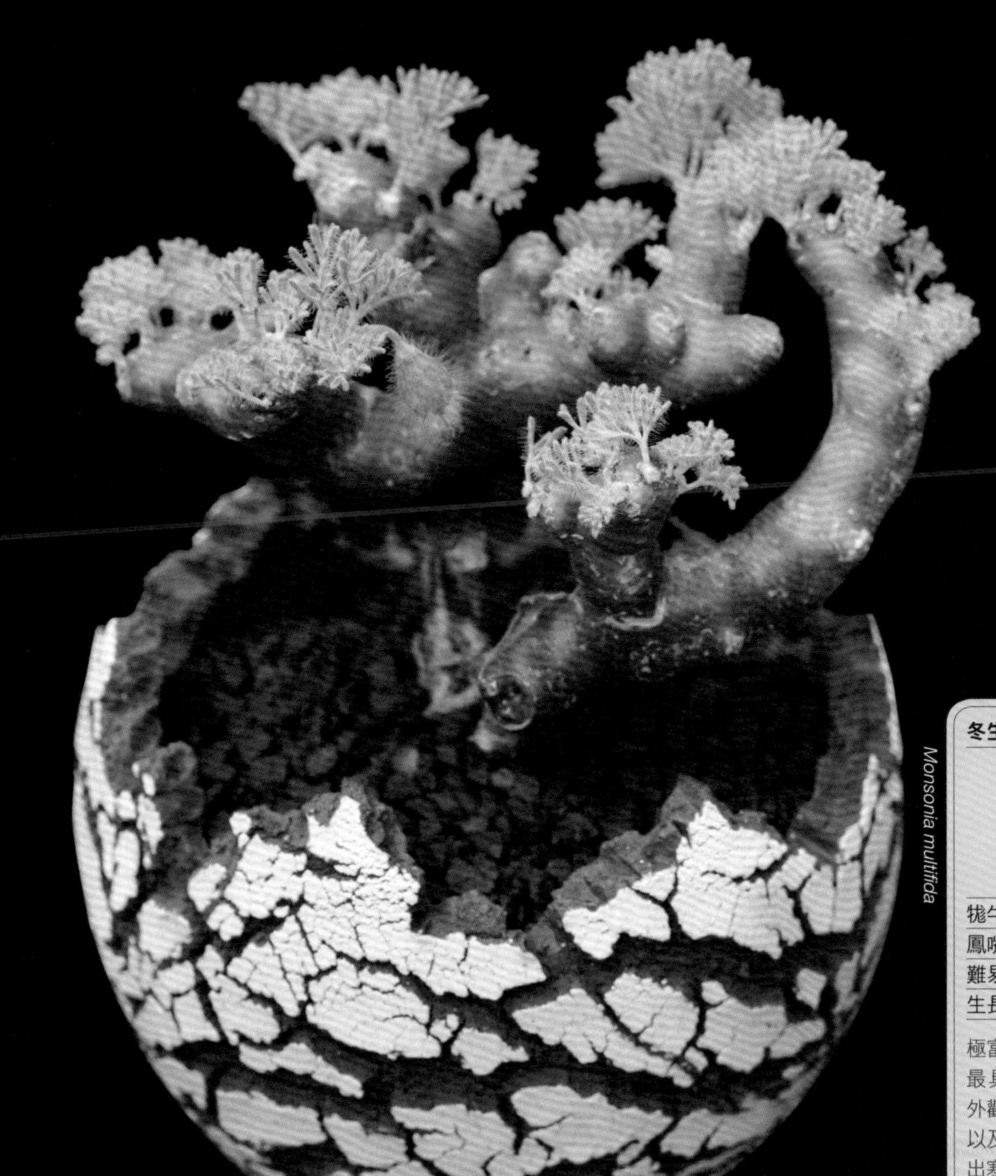

Monsonia multifida

冬生型

黑皮月界

牻牛兒苗科	
鳳嘴葵屬	
難易度	★★★★☆
生長速度	★☆☆☆☆

極富人氣的品種，植株最具特色之處就在於外觀如骨頭般的莖部，以及纖細的葉片上會長出寒毛。請種植於日照充足、通風良好、避免淋雨的戶外環境。特別是一整年正中午都要確實讓植株吹風。當氣溫達3℃以下時，請移至室內或溫室裡。夏季休眠期停止澆水；初秋發芽後再重新開始澆水。

春秋生型至冬生型

光堂

Pachypodium namaquanum

夾竹桃科	
棒錘樹屬	
難易度	★★★★☆
生長速度	★★☆☆☆

為了讓全身都能吸收夜晚的露水與霧氣，因此莖幹進化成又胖又長的圓柱外形，且表面布滿密密麻麻又細長堅硬的尖刺。原產地的光堂高度可達1～4公尺，有如樹木般高大。種植光堂時，切記絕對不能淋到雨，否則莖幹或葉子會髒掉。冬季時，請勿將植株放置於溫度低於5℃的環境。

夏生型

Tackyi

Pachypodium densiflorum 'Tackyi'

夾竹桃科
棒錘樹屬
難易度 ★★★☆☆
生長速度 ★☆☆☆☆

由日本培育出的珍貴品種，是選出棒錘樹屬的代表品種「席巴女王玉櫛」的捲曲葉片栽培而成。植株全年皆需要充分日照。不耐寒，若冬季氣溫達10℃以下，請移至日照充足的室內或溫室裡。在同屬植物當中，此款算是生長速度極慢的品種，但養成大植株後就能一睹它獨特的風格。

Jatropha cathartica

夏生型

錦珊瑚

大戟科	
麻瘋樹屬	
難易度	★★★☆☆
生長速度	★★☆☆☆

原產自美國德克薩斯州與墨西哥北部。美麗的錦珊瑚擁有又大又圓的塊根，葉片上有深深的缺口，盛夏時會開出橘色的花朵，名稱正是取自其鮮豔的花色以及外形。開花後會長出如氣球般的綠色果實。冬季落葉後開始休眠。低溫期請停止澆水，氣溫達10℃以下則移至室內或溫室。

Pelargonium mirabile

冬生型

奇異洋葵

牻牛兒苗科	
天竺葵屬	
難易度	★★★☆☆
生長速度	★☆☆☆☆

令人印象深刻的塊根植物，錯綜複雜又美麗的咖啡色枝幹，以及小巧可愛的銀綠色葉子極具特色。生長速度非常緩慢，若想養成照片中的樣子，起碼要花上幾十年的時間。生長期會開出蝴蝶外形的淡粉色花朵。奇異洋葵可在乾燥地區自行生長，因此須注意夏季休眠期的潮溼環境。

Dioscorea elephantipes

冬生型

南非龜甲龍

薯蕷科	
薯蕷屬	
難易度	★★★☆☆
生長速度	★★★☆☆

龜殼般的外形，是冬生型的代表品種。夏季休眠，之後綠色的莖會逐漸伸長，長出葉子。須種植於日照充足、通風良好、避免淋雨的戶外環境。冬季時避免放在5℃以下的環境，置於室內窗邊。從梅雨季開始，夏季每個月替葉片噴2次水；秋季到春季盆內轉乾後充分澆水。嚴冬須控制澆水頻率。

Pachypodium baronii var. windsorii

夏生型

溫莎瓶幹

夾竹桃科	
棒錘樹屬	
難易度	★★★☆☆
生長速度	★★☆☆☆

溫莎瓶幹會開出如夾竹桃的罕見大紅色花朵。尺寸比基本種巴洛尼棒槌樹來得小，只有塊根的底部容易長得胖。生長時期須種植於日照充足、通風良好的戶外環境。耐寒性差，冬季時要避免置於10℃以下的環境。盆內轉乾後請充分澆水，秋季開始控制澆水頻率，待葉片完全凋落後停止澆水。

Fockea edulis

夏生型

火星人

蘿藦亞科
火星人屬

難易度	★☆☆☆☆
生長速度	★★★★☆

土壤底下的塊根，在生長時會變粗胖。生長期期間，莖部生長旺盛，會變長並且下垂。一整年都要將植株放置在陽光充足的地方。若是日照不足，會導致塊根向上愈長愈細長，莖幹也會長得太長，導致外形不佳。冬季時，避免放在5℃以下的環境。即使到了休眠期，大部分的葉子都不會凋落。

塊根植物的栽培方法

Caudex

基本栽培法

放置地點

夏生型●春季至秋季，將植株置於向東或向南，且日照良好的戶外場所，須留意有些品種不可淋到雨。冬季氣溫降至10～15℃時，請移到室內窗邊或溫室裡管理。

冬生型●基本上，全年都需要將植株放在向東或向南、環境通風、日照良好的戶外場所中照顧，而且不能淋到雨。夏季時，不能讓過強的陽光直射植株。即便是冬生型植物，最好還是不要待在酷寒的環境中，請將植株放在不會受風霜、雪霜、寒風影響的地方。當氣溫來到5～10℃以下時，須移到室內窗邊或溫室等場所。

澆水

夏生型●夏季生長期時，待盆器中的土壤完全轉乾後再澆水。為避免植株被悶住，請於上午或傍晚時澆水，冬季則停止澆水。

冬生型●秋季至春季為生長期，盆土完全轉乾後澆水。夏季停止澆水，確保在涼爽的夜晚裡植株不會殘留水分。

施肥

夏生型●4月半至10月進入生長期，每個月施一次液態施肥(N-P-K=6-10-5)。

冬生型●3～5月與10～12月，每個月施一次液態施肥(N-P-K=6-10-5)。

(※若盆土中含有基肥，則無須使用液態施肥；也可以使用稀釋過的液態施肥。)

病害與蟲害

害蟲／蚜蟲、葉蟎、介殼蟲、甘藍夜蛾

蚜蟲會在開花期出沒，葉蟎則出現於高溫乾燥時期。

換盆移植

請在生長期時進行移植，一年須換一次盆。換盆時，先除掉附著在根部的土團，修剪老舊或腐爛掉的根，再填充新的介質來移植。如果有為植株修剪根部，不可立即澆水，請在移植後經過2～3天時再澆水。如果是在初秋時期移植，這時便不需要除去根部的土團，直接換盆即可。

主要作業

如果不採收種子，就在開花期結束後摘下花朵，也要記得隨時修剪枯葉。

繁殖方法

播種／花開後，採收種子並播種。

扦插／選擇比較長的枝幹，留下2～3片葉子，剪下葉子上方的範圍，作為扦插用的枝條。放置風乾2～3天後，插入與原本植株相同的介質中。採播種法生長的植物枝幹比較粗大，而採用扦插法的植株枝幹大多較細。夏生型於5～8月進行扦插作業（排除梅雨時期），而冬生型的扦插時間則與移植時間相同。

塊根植物可分兩種生長類型，
分別是夏季生長旺盛的夏生型，
與冬季生長旺盛的冬生型（部分為春秋生型）。
請配合各生長類型照顧植株。

栽種訣竅

如何栽培出理想中的塊根植物？

春季至秋季置於戶外

塊根植物最具魅力之處，就在於它矮胖渾圓的身形。不論夏生型或冬生型，春季到秋季期間請將植株置於戶外場所。日照不足的植株會徒長，也就是莖部會向上生長，長成細細長長、搖搖晃晃的樣子。如果想栽培出獨特的外形，除了良好的日照以外，通風與溫差大等環境條件也必不可少。塊根植物之所以會布滿尖刺，是由於原產地早晚溫差大而產生露水或霧氣，植株為吸收露水或霧氣，因而進化長出了尖刺。

置於避雨場所以防淋雨

塊根植物圓滾滾的獨特外形，具有儲存水分的功能，這是為了在原生地嚴苛的乾季氣候中生存而形成的。日本許多塊根植株是從國外進口，它們不習慣暴露在梅雨季等長期下雨的環境之中，所以請盡量放在可以避雨的地方照顧。有些塊根植物，例如沙漠玫瑰屬或棒錘樹屬等品種，雖然不能長時間淋雨，但是只要適應了當地氣候，就能夠稍微淋一點雨。

室內植株記得轉動盆栽

夏生型塊根植物，在氣溫降到10℃以下時就會開始休眠。即使已進入休眠期，且葉子也凋落了，但抓一抓莖幹部分，就會發現依然是綠色的。休眠期時須將植株置於可接收到日照的室內窗邊。不過，放在窗邊的植株只有單一側可以照到陽光，為了讓整株植物都能接收日照，請每隔2～3天轉動一次盆栽，如此一來植株就能安然過冬。

春季至秋季，請放置在戶外遮雨處。

放在窗邊照顧時，需要不時轉動盆栽。

補充根部營養
養出頭好壯壯的
「薯類」小技巧！

修剪葉片

不論是進口植株等尚在發根階段的植株，還是根部不夠充實的植株，都會運用體內的水分來長出葉子。一旦水分從葉片蒸散，塊根部的紋路就會凹陷下去。為了暫時停止水分的蒸散，需要剪掉葉片並補充根部的營養。大約過了2～4週左右，根部的狀況轉好、新葉發芽後，塊根就會變得更飽滿。

塊根紋路上出現凹痕，代表水分不足或根部受傷，是不健康的徵狀。

剪掉所有葉子。待2～4週後根部補充營養後，開始長出新葉。

為暫時停止水分蒸散，要從葉柄基部修剪葉片。

水珠一點一滴地落下，葉片正在輸送水分。

實生苗
＆幼苗的
推薦栽種法

合理價格

許多成熟的植株都是從國外進口，我們不時會看到價值上萬的高價植株。相對來說，國內生產的同品種實生苗或幼苗，在價格方面更好入手。

掌握訣竅

大部分塊根植物的生長速度都非常緩慢，很難預測植株會如何變化。僅培育1～2年的幼苗反應較靈敏，我們很容易就能夠理解植株對於「日照強弱」、「水分需求」、「溫度過低」等需求的訊號，也就能迅速理解一整年的照顧方式。照顧者會和塊根植物一起成長，並且逐漸成為一名栽培達人。

想從幼苗開始栽培
可以挑戰這些品種

A：阿拉伯沙漠玫瑰／容易分株，培育出原創外形是一大樂趣。

B：幻蝶蔓／看著莖部愈長愈大，會很有成就感。

C：非洲霸王樹／枝幹呈現粗胖的圓筒狀，可以向上生長至1公尺以上。

A 阿拉伯沙漠玫瑰　B 幻蝶蔓　C 非洲霸王樹

栽培時間表

夏生型

1月 2月 3月 4月 5月 6月 7月 8月 9月 10月 11月 12月

生長週期	休眠 生長 開花 生長緩慢 休眠
放置地點	室內窗邊（向南或向東）或溫室 日照與通風良好、不會淋到雨的戶外場所（某些品種可以淋雨） 室內窗邊（向南或向東）或溫室
澆水	休眠期過後，葉子開始生長後澆水 盆內完全轉乾後澆水 葉子開始凋落後，慢慢減少次數； 葉子完全凋落後停止澆水，或是每個月葉片噴水1次
肥料	每個月施 1 次肥（N-P-K=6-10-5 液態肥料等）；若盆土含有基肥，無須使用液態肥料，亦可使用稀釋過的液態肥料
害蟲	蚜蟲、葉蟎、介殼蟲、甘藍夜蛾等
主要作業	修剪 移植 移植換盆（無須除去原本的土團，直接換盆） 扦插（梅雨季除外）

冬生型

1月 2月 3月 4月 5月 6月 7月 8月 9月 10月 11月 12月

生長週期	生長（正午溫差不大，生長緩慢） 開花 休眠 生長 開花
放置地點	日照與通風良好的戶外場所（避雨處）；5℃以下時置於室內窗邊或溫室 盛夏時，避免陽光直射
澆水	盆內完全轉乾後澆水（隆冬時期每個月澆1次水，表面微溼即可） 休眠期停止澆水
肥料	每個月施 1 次肥（N-P-K=6-10-5 液態肥料等）；若盆土含有基肥，無須使用液態肥料，亦可使用稀釋過的液態肥料 每個月1次
害蟲	蚜蟲、葉蟎、介殼蟲、甘藍夜蛾等
主要作業	移植、扦插 移植、扦插

※時間會因種類不同而有差異。 ※以日本關東地區以西為準。

十二卷屬

Haworthia pygmaea

春秋生型

翠貝

阿福花科	
十二卷屬	
難易度	★★★☆☆
生長速度	★★★☆☆

原產自南非的小型品種。翠貝的特色是三角形葉片上，有著如磨砂玻璃般表面粗糙的葉窗。一整年置於通風良好的半日照場所管理，冬季避免接觸風霜。夏季若受到太陽直射，生長狀況會變差。生長期時，在表面土壤轉乾後澆水；夏季時生長速度減緩，1～2月時請保持乾燥。

大部分的十二卷屬多肉只會長到15公分左右，大約是手掌的大小。如果多費一點心思，植株可以一整年都放在室內窗邊照顧。十二卷屬多肉可依據葉片的質地，分為葉片堅硬銳利的「硬葉系」，以及葉片柔軟且帶有透明感的「軟葉系」。兩種類型的葉片都會密集交疊，向外展開呈現放射狀，展現出幾何圖樣的端麗外形。其中有部分品種的葉片前端，具有半透明的「葉窗」。葉窗的色澤、外形及透光的模樣，都顯得格外有魅力。

Haworthia

Haworthia 'Suishogyokuro'

春秋生型

十二卷屬
水晶玉露

阿福花科	
十二卷屬	
難易度	★★☆☆☆
生長速度	★★★★☆

水晶玉露為十二卷屬玉露系（P.46上）交配種，高透明度的葉窗非常美麗。生長期時擺置於屋簷下等通風良好的半日照場所，待表土轉乾後再澆水。夏季時，利用電扇等通風工具幫植株吹風，保持乾燥；冬季時，請將植株移動到室內窗邊或簡易的溫室裡，防止葉窗裡的水分結凍。

春秋生型

姬玉露

Haworthia cooperi var. truncata

阿福花科	
十二卷屬	
難易度	★☆☆☆☆
生長速度	★★★★★

為十二卷屬原種之一，在圓圓的葉片上有著美麗小巧的葉窗。學名為*Haworthia cooperi var. truncata*，「姬玉露」則是俗稱。葉窗的功能在於幫助植株有效吸收日光，原產地的姬玉露在生長時，容易被塵土或灌木叢覆蓋，只有葉窗露出地表。姬玉露是十分健壯且容易照顧的品種，適合新手玩家。

春秋生型

十二卷屬
綠幻影

Haworthia 'Green Phantom'

阿福花科	
十二卷屬	
難易度	★★★☆☆
生長速度	★★★★☆

三角形的透明葉窗浮現幾何分枝的紋路，是十分美麗的品種。綠幻影是貝葉壽與康平壽的交配種，葉片具有美麗的白線紋路以及透明的葉窗，非常獨特。當植株受強烈的陽光直射時，容易造成盆裡的根部受傷，外側葉片枯萎，栽培時須特別注意這點。植株一整年都需要放置在柔和的日光下。

春秋生型

玉扇

阿福花科	
十二卷屬	
難易度	★★★☆☆
生長速度	★★☆☆☆

葉肉肥厚，呈扇形向外展開，外形相當獨特，且葉片的前端有葉窗。有些植株的葉窗會隨著生長而形成龍紋紋路，龍紋愈大愈稀有，價值也愈高。當栽培環境日照過強，會使得葉窗轉紅、水分減少，因此一整年須避免陽光直射，夏季時，則需要在遮光率50%的環境下進行植株的管理。

春秋生型

萬象

阿福花科	
十二卷屬	
難易度	★★★★☆
生長速度	★★☆☆☆

萬象的特徵是外觀看起來有如圓木水平橫切後的模樣。「切口」上的葉窗更圓更大，顯眼的紋路相當受歡迎。植株一整年都應避免陽光直射；夏季時，須在遮光率50%的環境下管理。葉片尤其不耐高溫與悶熱的環境，容易造成葉子枯萎。可運用電風扇等簡易家電，有效維持環境通風。

Haworthia 'Hakuteijou'

春秋生型

白帝城

阿福花科	
十二卷屬	
難易度	★★★☆☆
生長速度	★★★☆☆

在日本誕生的交配種，可說是常見交配種當中的先驅優秀之作。深綠色的葉片與透明葉窗呈對比，白色斑點彷彿雪霜附著在葉片上般立體感十足。一整年應避免陽光直射，日照不足會造成徒長，使蓮花座的外形（參照P.57）產生變形，因此請放置於柔和的陽光之下。

春秋生型

尼古拉

Haworthia nigra

阿福花科	
十二卷屬	
難易度	★★★☆☆
生長速度	★☆☆☆☆

尼古拉原產自南非，又稱為「黑鮫」，是一種硬葉系的小型種。特徵是葉片帶有黑色如鯊魚肌般粗糙的質地，生長在土壤中的匍匐莖會變長並長出子株。植株應置於通風良好的半日照環境中管理，一般來說，硬葉系品種會比軟葉系更需要陽光，因此請調整遮光率。

春秋生型

龍城

Haworthia viscosa

阿福花科	
十二卷屬	
難易度	★☆☆☆☆
生長速度	★★★★☆

深綠色的硬葉，有著尖尖的三角形外觀，葉片之間相連，呈塔狀向上生長，屬於原生種系列之一。與具有葉窗的軟葉系品種相比，硬葉系品種可以在陽光較強的地點照顧。如果植株接收到充足的日照，葉片就會帶有黑色。另外有一種品種，稱作「龍城錦」，葉片會帶有黃色的特殊斑紋。

春秋生型

十二之卷錦

Haworthia fasciata f. variegata

阿福花科	
十二卷屬	
難易度	★★☆☆☆
生長速度	★★★★☆

綠色葉子葉肉豐滿且外形尖銳，葉片上的條狀白色紋路絕美無比，就像點心外層包裹的糖衣一般，與尖銳的外形形成強烈的對比。另外也有葉片帶有黃色條狀紋路的品種。屬硬葉系，比具有葉窗的軟葉系更耐光，可置於陽光較強的地點照顧。新手玩家也能輕鬆栽培。屬於群生多肉。

Haworthiopsis reinwardtii var. reinwardtii forma kaffirdriftensis

春秋生型

Haworthia kaffirdriftensis

阿福花科
十二卷屬
難易度 ★★☆☆☆
生長速度 ★★★☆☆

此款在原生種鷹爪系列（*Haworthia reinwardtii*）中屬於小型種。特色是具有白色的斑點、外形尖尖的深綠色葉片。子株長成後就會群生。比起具有葉窗的軟葉系品種，硬葉系更能在陽光較強的地方照顧，栽培輕鬆，新手玩家不妨從硬葉系品種開始挑戰。

Haworthia aranchnoidea var. gigas

春秋生型

巨牡丹

阿福花科
十二卷屬
難易度 ★★★☆☆
生長速度 ★★★☆☆

綠色葉子上長出的白毛會呈現蕾絲狀，覆蓋整個植株。雖然葉片前端是咖啡色的，有一點枯萎，但這其實是巨牡丹最好的狀態。此為軟葉系品種，應避免陽光直射，夏季時需要遮光。雖然密集生長的葉子很漂亮，但是介殼蟲很容易附著在上面，請多加留意。另外也要注意植株難以長出子株。

十二卷屬的栽培方法

Haworthia

基本栽培法

放置地點

十二卷屬為多肉植物中少數不需要強烈日照的種類，即使不依照P.55的時程表來管理植株也沒問題。只要一整年都將植株置於明亮的戶外半日照處，偶爾移到明亮的室內窗邊就行了。放在窗邊時，請避免植株接收強烈的日照直射，可以利用蕾絲窗簾來調整陽光強度，使陽光變得柔和些。

澆水

如果休眠期時盆土太潮溼，根部會因為太悶或太冷而潰爛，因此每個月只要澆1～2次水，大概澆至半盆土壤潮溼的程度即可。植株若是全年置於室內時，需要補光，將空調溫度設定為22～23℃，並且待表面土壤轉乾後再澆水。

施肥

在春季與秋季生長期，以液態肥料（N-P-K=6-10-5）少量施肥；如盆土含有基肥，便無須使用液態肥料。施肥前，需要將液態肥料稍微稀釋過。

病害與蟲害

病害／根腐病、軟腐病、黑腐病、黑斑病等

蟲害／介殼蟲、蚜蟲、葉蟎、纓翅目、根粉介殼蟲

如果葉子間的縫隙寄生了大量的綿狀介殼蟲，植株就會從生長點開始枯萎。一般來說，未移植過的虛弱植株較容易出現蟲害。

換盆移植

一年移植一次。生長期時隨時可以進行移植，最適合移植的時間為快要進入生長期之前的階段，或是在9～10月、3～4月期間。

主要作業

初春時期，要不定期地讓花莖生長。花朵本身很普通，所以不需要特別等待花開，可以直接剪掉花莖，稍稍整理植株。

繁殖方法

分株／群生植株，可在移植的時期進行分株。

葉插／拔掉莖上的葉子，請務必連同葉柄一起拔下來。

播種／可從種子開始栽培。

根插／有些種子無法繁殖，這時可採用根插法。

Column

如何運用寶特瓶保持溼度？

剪下寶特瓶的上半部用來蓋上植株。在乾燥的冬季，十二卷屬多肉的葉窗不容易膨脹，這時便可以運用這個方法維持植株周圍的溼度。

春季與秋季生長旺盛的春秋生型。
十二卷屬在多肉植物當中，
屬於少見不需要強烈陽光的類型，
特別偏愛安穩的環境。

栽種訣竅

如何培育水嫩嫩的美麗外形？

柔和日光

原產地的十二卷屬多肉，多半生長在岩石或灌木之間，在陽光直射的情況下，植株會被土壤覆蓋，或是葉片前端的葉窗會被塵土覆蓋。它們喜愛從枝葉縫隙灑落下來的陽光，當葉片受到強烈陽光直射時會變成咖啡色，葉子前端的半透明葉窗也會因為水分流失而凹陷，所以請將植株放到明亮的半日照環境，在柔和的陽光之下好好照顧。為了讓買回來的植株能習慣放置地點的日光環境，請在植株上覆蓋一張衛生紙，並用噴瓶灑水，大約過了 1 週之後再拿掉衛生紙。不過，這個培育法也有可能因陽光太弱造成植株徒長，因此需要多花心思選擇放置的地點；選好之後，也請盡量不要移動植株。

窗戶

噴水防止衛生紙飛揚。

確保環境通風

提高溼度，可以讓植株保持水嫩的模樣。由於植株不耐悶熱環境，請隨時留意並確認空氣是否流通，維持環境通風。當植株置於陽台等場所時，不要直接把盆栽放在水泥地上，建議放在架子上，才能確保盆栽通風。也可以將植株置於室內觀葉植物的根部盆土上，利用植物的蒸散作用，維持適當的溼度環境。

可利用架子，將盆栽置於陽台。

鋪上人工草皮可防止地面熱氣反射，達到保溼的效果。

利用陽台等
獨特的開放環境
栽培多肉的技巧

打造快活的多肉空間

如果是在陽台等日照充足、通風良好的環境照顧，便可以打造出像圖片這樣的管理環境。即使只有採用其中一項照顧方法，也都可以幫助植物順利生長，養出元氣滿滿又水靈靈的外形。

徒長而外形不佳…

強光燒傷葉片…

充滿活力的水嫩外形！

也可以利用室內LED燈來管理。

A 照明

日照條件較差的地點，可利用燈光補強。別忘了側邊也要打光，葉窗才能吸收到光。建議採用不會積聚熱氣的日光燈或LED燈。

B 遮光網

避免陽光直射。日照強烈時，需要遮光50～60%。除了夏季以外，其他時期請以22～40%的遮光率管理。遮光目的在於營造「半日照」的環境。

C 電風扇

十二卷屬多肉非常不耐悶熱的環境，因此保持通風很重要。尤其是空氣對流不佳的地點，建議準備小型電風扇等通風家電促進對流。

D 溫溼度計

以冬季最低溫3～5℃為準，不過會因品種不同而有差異。建議溼度設為60%左右。可以鋪上人工草皮，並用噴瓶澆水以調整溼度。

移植訣竅

介質深度須達到根部不會彎曲

十二卷屬多肉植物的根部很像牛蒡的根，呈直線向下深植地下。移植時，請留下白色韌性佳的白色根，而咖啡色鬆軟的根便可以退休了，因此要用鑷子取下。請剪掉腐爛或受傷的根部，並且記得風乾；如果沒有爛根，便不需要風乾這個步驟，可以直接移植。請確實去除舊土團並填入新土，並把介質加到根部不會彎曲的深度。移植後遮光2週左右，讓植株休息，直到根部伸展開來。

修剪掉變成咖啡色的根，只留下白色的根。

植株抬起來該怎麼辦？

萬象等根部特別粗的多肉，如果將沒有根的扦插苗或子株放入土壤中，植株可能會抬升起來。若是發生這種狀況時，請用鋁線等金屬線壓住植株，避免植株抬起。

栽培時間表

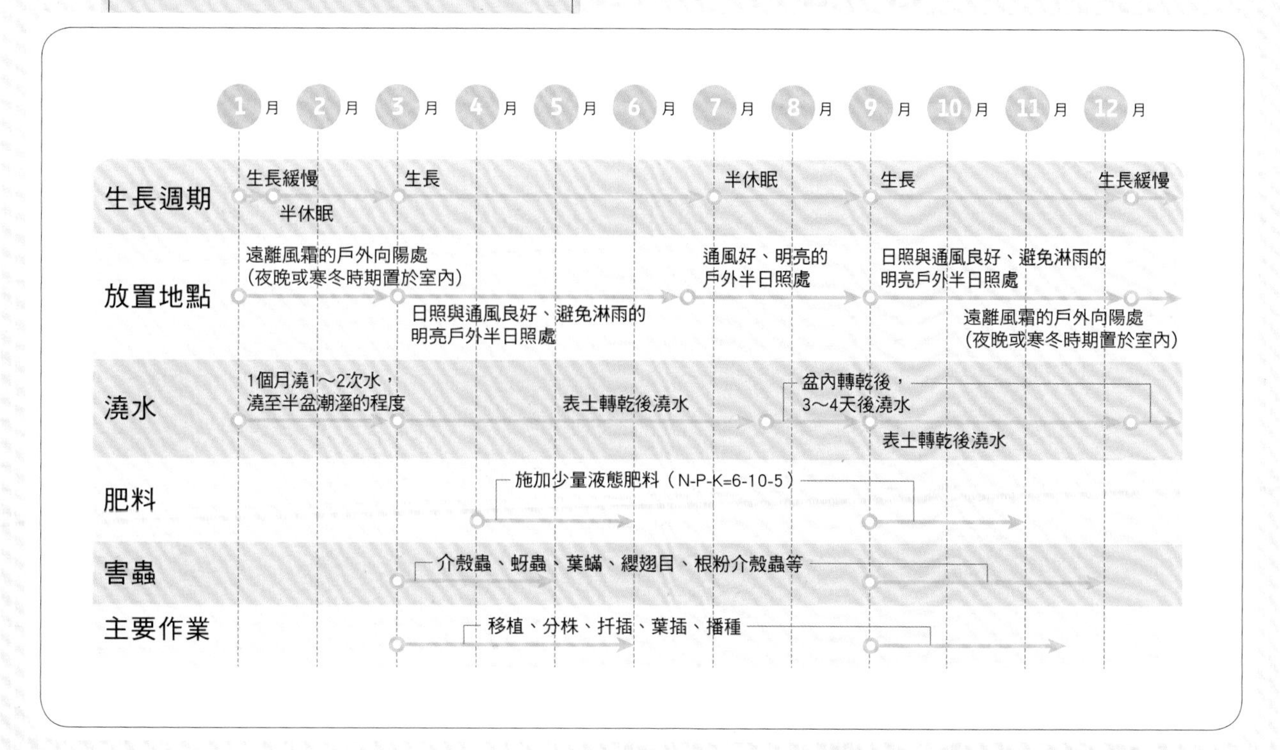

※時間會因種類不同而有差異。 ※以日本關東地區以西為準。

擬石蓮屬

Echeveria laui

春秋生型

雪蓮

景天科	
擬石蓮屬	
難易度	★★★☆☆
生長速度	★★★★☆

肥厚渾圓的銀白色葉片十分美麗。葉子上的白粉是一種天然的物質，具有保護葉片的作用，可防止水分過度蒸散或發生病害。如果徒手觸摸，一旦不慎剝落，白粉就不會再長回來了，因此請盡量不要觸碰葉子。雪蓮是十二卷屬多肉植物當中最不耐寒的品種，冬季時須多加注意照顧。

擬石蓮屬多肉植物的葉片呈現放射狀的蓮花座外形，有如玫瑰般美麗動人。種類繁多，有直徑3公分的小型品種「迷你馬」，也有直徑超過30公分的大型品種「大瑞蝶」。顏色有綠色、銀白色、酒紅色、黑色等；有一些品種的葉片前端帶有粉紅色，變化豐富。不僅如此，晚秋至春季葉片會轉紅，春季至秋季則會開出可愛的花朵。如果運用混植技術，還可以培育出多種品種，不妨來體驗擬石蓮屬多肉豐富多樣的變化。

Echeveria

Echeveria 'Momotaro'

春秋生型

桃太郎

景天科
擬石蓮屬

難易度	★☆☆☆☆
生長速度	★★★★☆

桃太郎豐滿淡雅的青綠色葉片，與紅色的尖端完美融合，展現出美麗動人的外形。請在日照充足、通風良好，可以避雨的戶外栽培。若是日照不足，會造成植株徒長。澆水時，請待盆內轉乾後再充分給水即可；梅雨時期則需要調整澆水的頻率。植株會在冬季進入休眠期，為期約1個月左右。

春秋生型

蘿拉

Echeveria 'Lola'

景天科	
擬石蓮屬	
難易度	★☆☆☆☆
生長速度	★★★★☆

撒覆有白粉的冰綠色葉片互相交疊，散發出高貴典雅的氣質。到了秋季，葉片會帶有朦朧的粉色，細緻的顏色變化也是蘿拉的美麗與迷人之處。此外，每年春季還會開出橘色的花朵。蘿拉的特性強韌，可耐病害、蟲害以及夏季高溫，也能適應冬季酷寒的環境，因此十分適合新手種植。

Echeveria purpusorum

春秋生型

大和錦

景天科	
擬石蓮屬	
難易度	★★★☆☆
生長速度	★★★☆☆

豐滿尖銳的葉片上，帶有獨特的深色斑紋。當花莖開花後，植株便不易生長，因此外形不容易變形。每年春至秋季會開出橘色的花朵。採用播種法培育出來的植株會呈現鮮明的個體差異，有時甚至會育出葉片邊緣帶有明顯線條的優良植株。秋季時，葉片會轉紅，斑紋也會變成紅色。

春秋生型

Echeveria minima

迷你馬

景天科	
擬石蓮屬	
難易度	★★★☆☆
生長速度	★★★☆☆

迷你馬是直徑約3～5公分的小型原生種。葉片呈特殊的藍綠色，且葉片前端顯眼的紅色尖爪十分特別。春季至初夏時期，會開出黃色或橘色的可愛花朵，但植株會變得虛弱，因此如果不打算採收種子，建議儘早修剪花莖。若想欣賞花朵，則要在花蕾半開時修剪。子株長得多，且植株會群生。

春秋生型

凱特

Echeveria cante

景天科	
擬石蓮屬	
難易度	★★★★☆
生長速度	★★★☆☆

大型擬石蓮屬多肉，植株會長到直徑15～30公分。白色的葉片具有透明感，邊緣帶點淡粉紅色，外形絕美無比，因此又被譽為「擬石蓮屬女王」。然而凱特很難照顧，因此市面流通量相當少。如果日照不足，會造成葉片低垂，無法維持漂亮的外形，必須放在日照良好的地方栽培。

春秋生型

高砂之翁

Echeveria 'Takasago-no-okina'

景天科	
擬石蓮屬	
難易度	★☆☆☆☆
生長速度	★★★★★

高砂之翁結實堅韌，外形自然美麗，一直都是受人喜愛的基本款。葉片形狀有如服飾的荷葉邊，且邊緣一整年都呈現粉色，十分可愛。尤其進入秋季後，葉片會轉紅，波浪狀葉片添加紅色後更是絕美無比。每年秋季還可以欣賞高砂之翁的花朵。可利用分株法或葉插法，輕鬆繁殖。

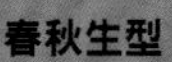

Echeveria 'Lenore Dean'

春秋生型

玉蝶錦

景天科
擬石蓮屬
難易度 ★★★★★
生長速度 ★★☆☆☆

青檸綠色的葉片表面，有著大範圍的奶油色覆輪紋，非常美麗。進入秋天時，葉片邊緣會出現粉紅色漸層，展現絕妙的層次。玉蝶錦的葉子又薄又精細，但是卻不耐悶熱的環境或強烈的光照，因此夏季時須避免陽光直射，並放在通風良好的涼爽地點，以便進行植株管理。

Echeveria 'Black Prince'

春秋生型

黑王子

景天科
擬石蓮屬
難易度 ★★★☆☆
生長速度 ★★★☆☆

黑王子可說是多肉植物裡的高人氣品種，黑褐色的銳利葉片相當受到歡迎。當日照環境不佳時，會導致葉片偏綠色的部分變多，黑褐色變得不明顯。開始進入秋季後，葉片的黑褐色部分顏色會加深，使外形更顯得殊異別緻。夏季時，還會開出美麗的紅色花朵。

擬石蓮屬的栽培方法

Echeveria

基本栽培法

放置地點

正值春季與秋季生長期時期，請在日照與通風良好、可避雨的戶外環境中栽培。擬石蓮屬不耐高溫潮溼的環境，因此每逢梅雨季至夏季時期，請將植株移至不會淋雨，且通風良好的戶外明亮陰涼處（或半日照處）。擬石蓮屬也不耐寒，當一日最低氣溫降至5℃以下時，請將植株置於明亮的室內，或是不會接觸到冰霜的戶外溫室等地點。

澆水

正值春季與秋季為生長時期，請等盆內轉乾後再澆水。為避免植株處於悶熱環境，請在上午或傍晚時澆水，不要在正中午澆水。夏季時，待盆土內部轉乾3～4天後再澆水；冬季則一個月澆一次水。澆水時，請使用澆花瓶從植株底部開始澆水，這麼做可以避免葉片積水。若是發生葉片積水的情形時，請使用吸管等器具吹開水珠，或是拿衛生紙吸取殘留的水珠。

施肥

只要在種植時加入基肥，基本上即使不追肥也能培養植株。如果想加快植株得生長速度，或是希望培育出肥厚的葉肉，便可以使用緩效性肥料來追肥（配方比例請參照P.66）。不過，若是希望讓植株在秋季轉紅，則10月以後請停止施肥。

葉片轉紅的舞會紅裙
（Echeveria obtusifolia）

病害與蟲害

病害／灰色葡萄孢菌

每次修剪植株時，都必須先消毒剪刀，以防病毒在修剪時進入植物裡。

蟲害／介殼蟲、蚜蟲、葉蟎、纓翅目、根粉介殼蟲

植株的莖、葉或是花上，可能出現介殼蟲、蚜蟲、葉蟎或纓翅目。根部則可能出現根粉介殼蟲。

換盆移植

根部堵塞會導致新芽生長速度變慢，下葉枯萎。每年移植一次，請在生長期時，將植株換盆至相同尺寸或大一圈的盆器中。移植時，可使用緩效性肥料（N-P-K-Mg=6-40-6-15）來施肥。

主要作業

有些品種會因為開花而消耗植株的養分，如果不打算觀賞花朵，請儘快修剪植株。

繁殖方法

分株／植株群生後進行分株。
扦插／可利用剪下的莖幹來扦插繁殖。
葉插／將葉片連同葉柄部分一起拔下。
播種／原種種子等。

春秋生型於春季與秋季生長旺盛。
適合生長溫度為13～25℃，
在太熱或太冷的環境下，
擬石蓮屬會進入休眠狀態。

栽種訣竅

如何照顧，才能維持完美的蓮座外形？

日照

葉片呈現美麗的蓮座狀，正是擬石蓮屬多肉的一大魅力。在日照與通風良好的環境下栽培的植株，不僅外葉長得大，中央的嬌小新葉也會被包裹於內側（下方照片○）；而日照不足的葉片，則會為了接收陽光而徒長（下方照片X）。一旦植株徒長，便無法維持蓮座的外觀，因此請確保植株得到充分的光照。

葉片不要積水

不要從植株上方澆水，改用澆花瓶從植株底部開始澆水。蓮座中心積水可能會造成爛芯，而殘留在葉片上的水珠，會因陽光照射而出現果凍化或溫度過高的問題，因此請不要讓植株殘留水分。此外，為避免植株連續多日淋雨，請置於可避雨的戶外地點。

請用澆花瓶澆水。

取下枯萎的下葉時，先將葉片移至旁邊，再拔下來。

良好的通風環境

造成植株枯萎的最大原因，在於植株根部太悶了。若是持續悶熱狀態，就會出現灰色葡萄孢菌。請頻繁地拔掉枯萎的下葉，並提供良好的通風環境。將迷你馬等植物的原種移植進盆器時，無須保留盆器邊緣到盆土之間的澆水空間。將介質填滿整個盆器，可有效防止植株過溼。

如何種出更美的植株？

縮小植株以維持蓮座外觀

將植株移植到相同大小或小一圈的盆器中，縮小植株尺寸，較能避免因過溼而引起的徒長問題。

❶ 將植株從盆器中拔出來，除去根部的土團。留下1～2㎝的根並剪掉其餘部分，剪短根部可讓植株變小。如果想讓植株長大，則不須剪去根部，保留原本的長度即可。

❷ 將修剪後的切面放在通風良好的半日照處，晾乾3～4天。

❸ 填入新的介質。使用筷子鬆開根部間的縫隙，加入介質並澆水。將植株置於日照充足的地方進行管理。

春季與秋季移植更換介質配方

若要在嚴苛的氣候環境下栽培多肉植物，有效的移植頻率為一年2次。配合季節調整介質配方，可預防植株腐爛等狀況發生。

春季移植專用

須配合盛夏時期高溫溼熱的環境，採用排水性能較佳的介質配方。

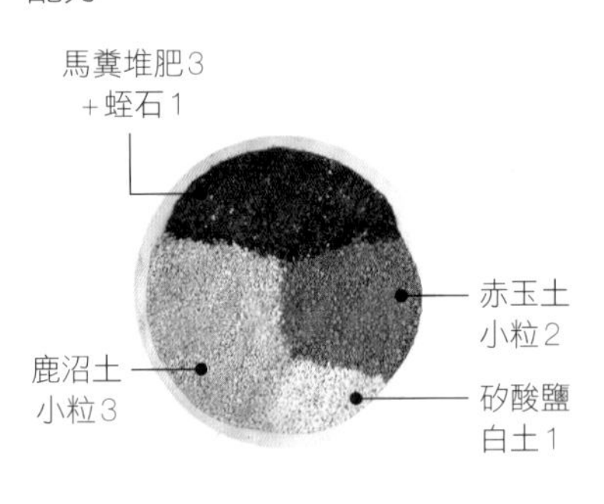

秋季移植專用

採用排水及保水性佳，可使植株生長旺盛的介質配方。

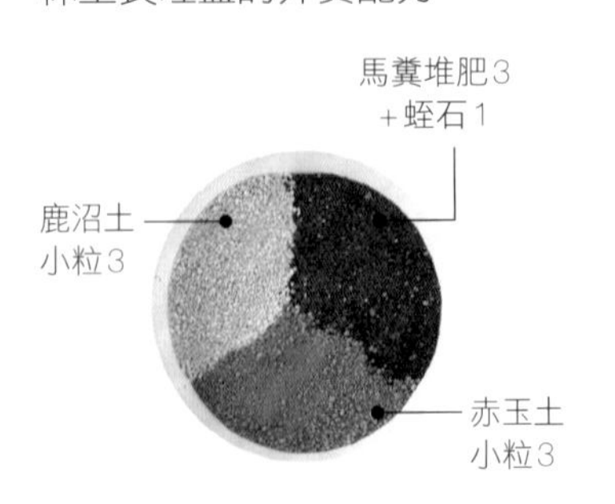

使用2倍肥料養出肥厚結實的植株

在左方的配方土當中，混入比花草類植物專用土使用量要多2倍的緩效性肥料（N-P-K-Mg=6-40-6-15），如此一來就，能栽培出肥厚的葉肉及健壯的植株。事實上，大部分的多肉都喜歡大量的肥料，增加肥料量並不會造成因肥料濃度過高而傷害植株的問題。

擬石蓮屬Idon Snow。
左邊採用2倍施肥量，
右邊為規定的施肥量。

進階玩法

擬石蓮屬多肉 開花技巧

只要用心栽培，就能讓擬石蓮屬多肉在早春到夏季這段時期開花。早晚溫差大的冬季較容易開花，不過請不要將植株置於最低氣溫2℃以下的地方。此外，如果植株在早春時接觸到冰霜，會造成花芽枯萎，因此請多加留意天氣預報；若擔心冰霜會接觸到植株，請將植株移至有屋簷的地方或室內等場所避寒。另外也要留意，擬石蓮屬的花朵很重，因此要用鐵絲來支撐植株，植株並不會受傷。

若不打算收成種子，請在盛開之前修剪花朵，以防植株變衰弱。

栽培時間表

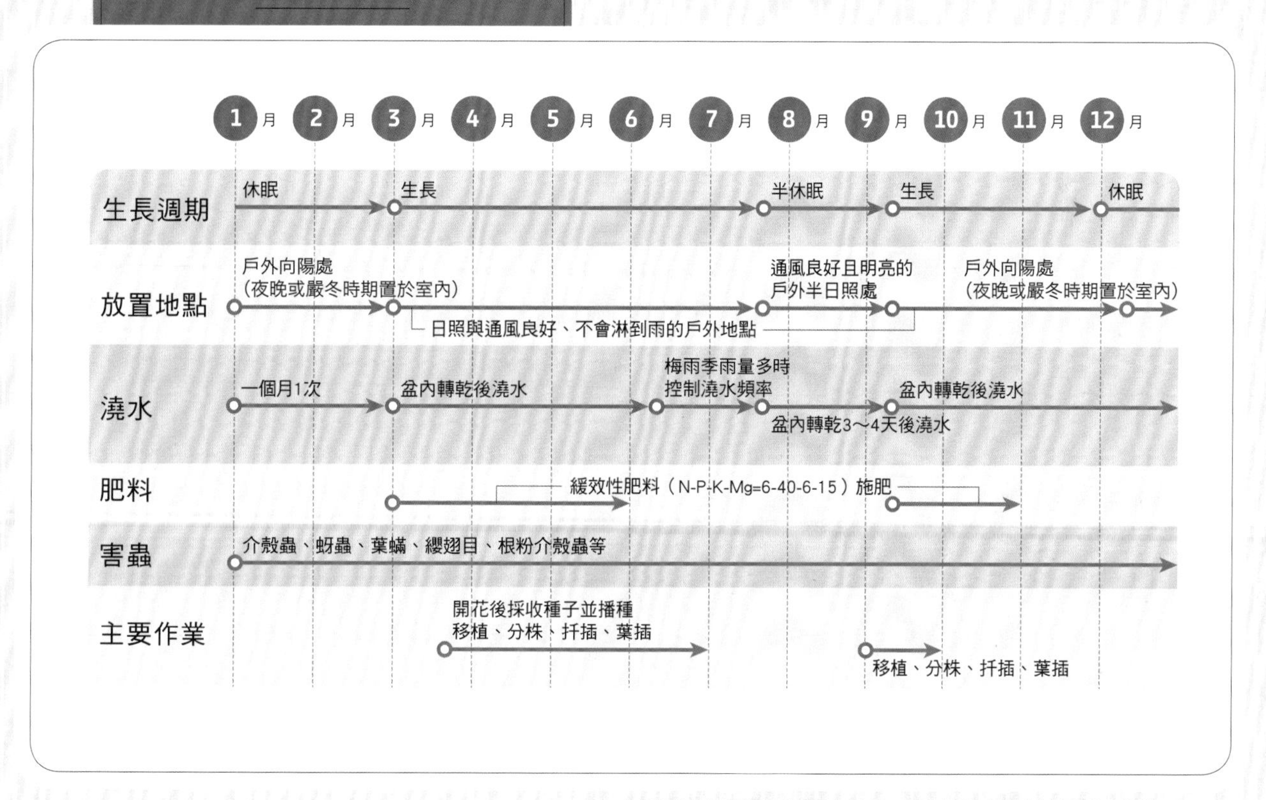

※時間會因種類不同而有差異。 ※以日本關東地區以西為準。

Chapter 4

獨一無二且存在感十足

仙人掌科

夏生型

緋牡丹錦

Gymnocalycium mihanorichii 'Hibotaninishiki'

仙人掌科	
裸萼球屬	
難易度	★★★☆☆
生長速度	★★☆☆☆

瑞雲丸中帶有斑紋的品種，具有緋紅色或黃色紋路，協調的斑紋凸顯緋牡丹錦的價值。陽光直射時，會降低植株的色澤造成顏色變白、身形變瘦，因此請配合時間或環境，將遮光率控制在30～50%。生長期時，保持環境溫度25～50℃，維持溫度與溼度稍高，就能栽培出顏色鮮豔的美麗植株。

仙人掌即是指仙人掌科的植物，同樣屬於一種多肉植物。仙人掌最大的特徵就是尖刺，有各種不同的形狀或顏色，擁有巨大雄偉尖刺的仙人掌屬於「強刺類」，而尖刺如星星般散落各處的則是「有星類」，還有像岩石一樣的「牡丹類」，以及球狀且具有柔軟白毛的烏羽玉屬等類型。除此之外，有些仙人掌身上沒有尖刺，外形極具個性，也相當有人氣。基本上，仙人掌的栽培方式以夏生型多肉為準，但是每個品種須注意的地方不盡相同，請參考各品種的解說。

Cereus peruvianus f. spiralis

夏生型

旋轉神代

仙人掌科	
六角柱屬	
難易度	★★☆☆☆
生長速度	★★★☆☆

為仙人掌植物的突變型態，獨特的螺旋狀外形頗受歡迎。春季至秋季時期，植株會在夜晚開出巨大的奶油色花朵。生長速度緩慢，最低可耐溫度為3℃，極為耐寒。旋轉神代特性十分堅韌，容易栽培。春季至秋季時期，請將植株置於日照與通風良好的環境中管理，冬天則停止澆水。

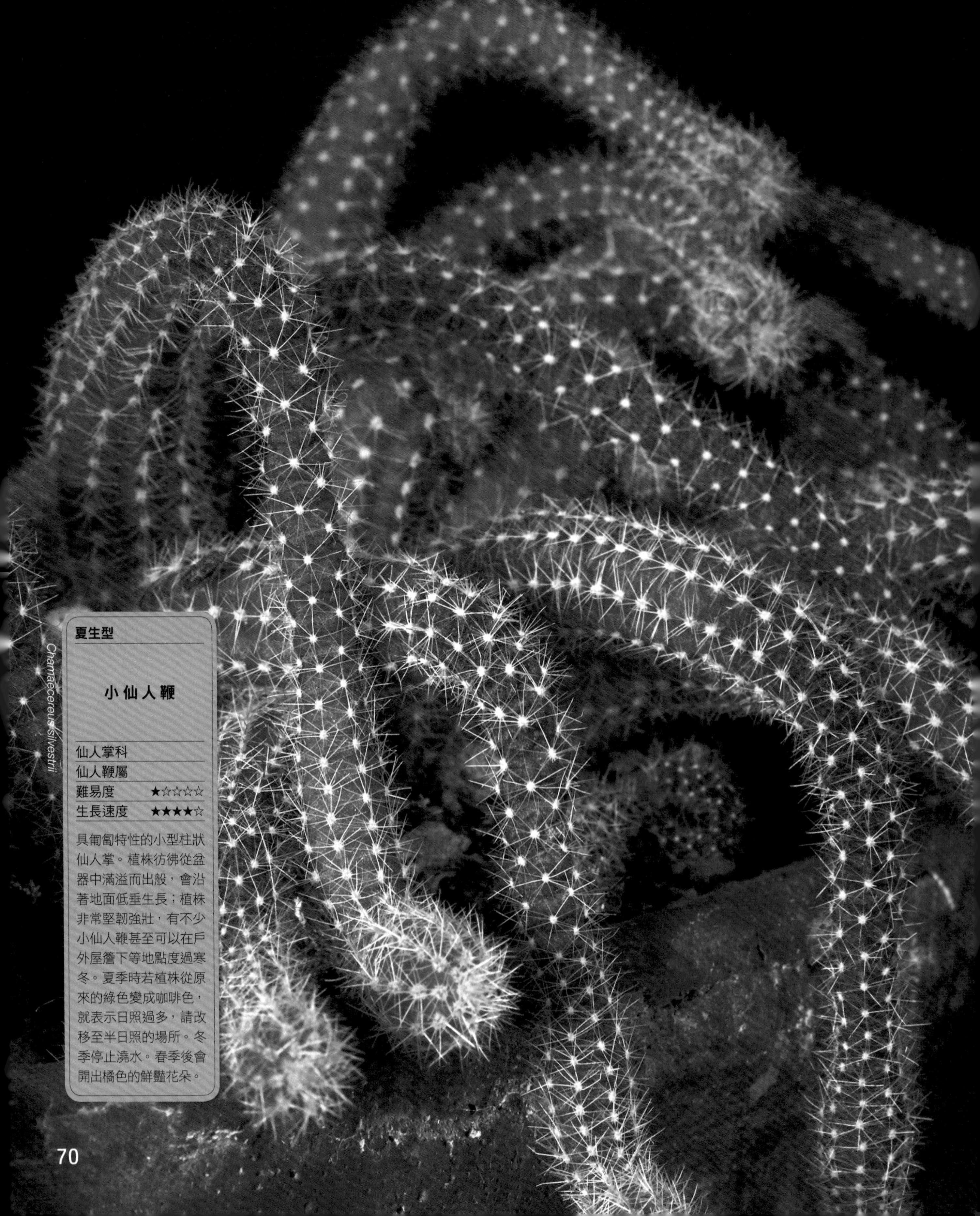

夏生型

小仙人鞭

Chamaecereus silvestrii

仙人掌科	
仙人鞭屬	
難易度	★☆☆☆☆
生長速度	★★★★☆

具匍匐特性的小型柱狀仙人掌。植株彷彿從盆器中滿溢而出般，會沿著地面低垂生長；植株非常堅韌強壯，有不少小仙人鞭甚至可以在戶外屋簷下等地點度過寒冬。夏季時若植株從原來的綠色變成咖啡色，就表示日照過多，請改移至半日照的場所。冬季停止澆水。春季後會開出橘色的鮮豔花朵。

Echinocereus rigidissimus ssp. *rubrispinus*

夏生型

紫太陽

仙人掌科	
鹿角掌屬	
難易度	★★☆☆☆
生長速度	★★★☆☆

原產自墨西哥的契瓦瓦州。由太陽變種而來，是一種會開花的小型仙人掌，全身布滿紫紅色的刺，外形華麗且受人喜愛。紫太陽堅實且耐高溫，但是不耐溼度高的環境，夏季請保持通風。植株可在4月前後開出巨大的粉色花朵；冬季時，若植株沒有待在約0～3℃的溫度環境，便很難開花。

Copiapoa cinerea

夏生型

黑王丸

仙人掌科

龍爪球屬

難易度	★★★★★
生長速度	★★☆☆☆

稀有品種，白色球體身上帶有又黑又粗的刺，魅力十足。生長速度緩慢，如果日照不足，球體就不會呈現白色，刺也會長得不夠密集，而且難以長出又粗又強壯的刺。要特別注意黑王丸很容易曬傷，難以栽培出美麗的植株。品種存在個體差異，有些只有單一顆莖，有些則會長出子株並群生。

Puna clavarioides

夏生型

白雞冠

仙人掌科

鋪雲掌屬

難易度	★★★☆☆
生長速度	★★☆☆☆

長得像蘑菇的團扇仙人掌。原產自阿根廷的高山地區，塊根狀的根部十分發達，且表面長出的刺不會刺手。植株不耐悶熱環境，夏季時請置於通風良好的戶外，並擺在可沐浴到柔和光照的地點。耐寒性強，如果種植於北方氣候寒冷的地區時，冬季時請將植株放在朝向東南方的屋簷下。

Strombocactus disciformis f. crist.

夏生型

菊水綴化

仙人掌科

菊水屬

難易度	★★★★☆
生長速度	★★☆☆☆

菊花綴化為一屬一種的珍稀植株，菊水的綴化種。綴化是指原本微小的生長點形成一條線，莖部的成長軌跡不是呈棒狀生長，而是長成帶狀體。需要在向陽處栽培，但植株容易曬傷，夏季時必須做好遮光對策。不耐潮溼環境，務必確保環境通風，不可以放在有冰霜或容易凍傷的環境當中。

Rebutia (Aylostera) muscula

夏生型

橙紅子孫球

仙人掌科

子孫球屬

難易度	★★☆☆☆
生長速度	★★★☆☆

身上布滿白刺的小型圓筒狀仙人掌，春至秋季期間會開出許多色彩鮮豔的橘色花朵，外觀華麗動人。當環境光照不佳時便會難以開花，因此請提供充足的日照。特性耐熱又耐寒，植株堅實且容易照顧，適合新手玩家。夏季時，請不要讓植株放置在悶熱的場所，並保持環境良好的通風。

夏生型

新天地

仙人掌科	
裸萼球屬	
難易度	★★☆☆☆
生長速度	★★★★☆

雖然新天地是夏生型多肉植物，但卻不耐盛夏高溫，需要進行遮光，提供植株柔和的光照。當氣溫過高時，會導致植株的生長點變成咖啡色，出現像燙傷一樣的症狀。照片中的植株已培育超過20年，高度約50公分，下半部的仙人掌刺經過多年而退化變黑。春季會開出很大的白色花朵。

Tephrocactus alexanderi

夏生型

明暗城

仙人掌科	
灰球掌屬	
難易度	★★☆☆☆
生長速度	★★★☆☆

原產自阿根廷北部的。明暗城的莖部與團扇仙人掌屬於同一類型，在日本又稱「蠻將殿」。雖然刺又長又尖銳，但卻散發出可愛迷人的氣息。植株不耐高溫潮溼的環境，務必在通風良好、涼爽的向陽處進行管理，夏季時須控制澆水的頻率。此外，植株耐寒性強。

Gymnocalycium friedrichii LB2178

夏生型

肋骨牡丹 LB2178

仙人掌科	
裸萼球屬	
難易度	★★☆☆☆
生長速度	★★☆☆☆

儘管牡丹玉在南美洲遍地生長，但此植株的發現產地卻比牡丹玉的原生地還要新。肋骨牡丹LB2178長得比以往的品種還扁平，條紋狀、紫色的膚色受到世界矚目。但習性卻與牡丹玉大不相同，不能受陽光直射，請放在明亮的遮光環境下管理。冬季停止澆水，讓植株休眠。屬於堅實的品種。

Echinocactus grusonii var. albispinus

夏生型

白刺金鯱

仙人掌科	
仙人球屬	
難易度	★★★☆☆
生長速度	★★★★☆

雖然白刺金鯱喜歡強烈光照，卻不耐盛夏時期陽光直射。植株表面出現皺褶並無大礙，不過容易曬傷，必須多加注意。一整年請在日照充足的地方栽培，日夜溫差愈大，愈能長出堅實的刺。氣溫降至5℃以下時，表面會出現紅色斑點；而溫度高、溼度高時，尖刺上可能會長出黴菌。

Mammillaria luethyi

夏生型

松針牡丹

仙人掌科	
乳突球屬	
難易度	★★★☆☆
生長速度	★★☆☆☆

小型仙人掌，在日本曾被稱作「幻」。1990年代再度被發現的品種。摸起來十分柔軟，會開出粉紅色的大花朵。喜愛強光，不耐潮溼。平時可以在戶外或溫室培養，但冬季至早春期間須移至室內窗邊或溫室。當盆器內轉乾後加水，盛夏與冬季時應控制澆水頻率，嚴冬時停止澆水。

Uebelmannia pectinifera f. variegata

夏生型

極櫛丸錦

仙人掌科	
尤伯球屬	
難易度	★★☆☆☆
生長速度	★☆☆☆☆

原產自巴西。黑色的粗糙表面上帶有黃色的獨特斑紋，外觀既典雅又美麗。縱向排列的刺座上，布滿密密麻麻的細刺。植株特性相對耐熱且耐寒，但夏季不喜歡強光直射或潮溼環境。春季至秋季期間，請確保植株能得到柔和的光照，並且保持通風。冬季停止澆水，放在溫暖的地點進行管理。

Astrophytum myriostigma

夏生型

鸞鳳玉

仙人掌科	
星球屬	
難易度	★★☆☆☆
生長速度	★★★★☆

基本上會有5個如山峰般突起的「稜」，大植株可能多達6～8個稜且呈柱狀生長。春季至秋季時，盆內轉乾後充分澆水；梅雨季時，稜突起的部分容易發霉，因此請確實提供充足的光照，並將植株擺在日夜溫差大的環境。有些鸞鳳玉的稜上具有龜甲或肋骨狀等圖樣。

夏生型

赤花豐麗丸

仙人掌科	
假麗花屬	
難易度	★☆☆☆☆
生長速度	★★★★☆

赤花豐麗丸原產自墨西哥、阿根廷等地，也是開花型仙人掌的代表品種。豐麗丸會開出淡粉色花朵，赤花豐麗丸的花色則比豐麗丸還要更深。春季氣溫變暖後，植株得到營養，全株會開出許多花朵，可是當日照不足時，便不容易開花。赤花豐麗丸耐熱也耐寒，植株堅韌，易於照顧。

夏生型

菊水

Strombocactus disciformis

仙人掌科
菊水屬
難易度 ★★★☆☆
生長速度 ★☆☆☆☆

一屬一種的珍稀品種。外觀為平坦的圓盤狀小型仙人掌，生長速度緩慢，在原產地生長的菊水會吸附在通風良好的岩石表面。栽培時，須放在日照良好的地點管理；植株容易曬傷，因此夏季必須提供遮光環境。不耐潮溼，請確保環境通風，避免放置於會接觸到冰霜，或容易凍傷的環境裡。

夏生型

星兜

Astrophytum asterias

仙人掌科
星球屬
難易度 ★★★★☆
生長速度 ★★☆☆☆

星兜是有星類仙人掌的代表性品種，植株大約能長到直徑20公分左右。植株從頂端到底部都有稜，身上的刺座又稱作「星點」。星兜的根部十分敏感，喜歡水分，但卻不耐潮溼，進行植株管理時，可使用電扇讓植株快速風乾。此外，植株的耐熱性相當強。

夏生型

超兜

Astrophytum asterias 'Superkabuto'

仙人掌科
星球屬
難易度 ★★★★☆
生長速度 ★★☆☆☆

日本園藝品種中持續進化的一種星兜，植株具有奇特的巨大白點，此品種被發現於原生地，在日本選出實生苗並進行品種改良。超兜的斑點比星兜大，稜之間有如鬃毛般的細毛更是一大特徵。照顧方式同左方的星兜。

Lophophora diffusa

夏生型

翠冠玉

仙人掌科
烏羽玉屬

難易度	★★★☆☆
生長速度	★★★☆☆

原產自墨西哥，特徵為鬆鬆軟軟的毛，以及植株表面帶有朦朧霧感。為烏羽玉屬仙人掌中生長速度最快的品種，能長出許多子株。為避免白毛被曬成咖啡色，整年都要為植株遮光，遮光率為10～40%。不可以在白毛上澆水，也不要從植株上方澆水，從周圍澆水才能維持植株美麗的毛色。

仙人掌科的栽培方法

Cactus

基本栽培法

放置地點

一般來說，生長期時不能讓植株在戶外淋到雨，請放在日照與通風良好的屋簷架上或溫室中管理。移植後，根部沒有充分伸展開來的植株或表面顏色較綠的植株，很可能會曬傷，因此請依照品種的需求，將遮光率控制在10～40%，盛夏時期的遮光率皆調整至40%。冬季時，除了部分較耐寒的品種之外，其餘都需要置於日照充足的室內窗邊或溫室內管理。大部分的仙人掌只要待在不會凍傷的環境裡，就能夠安然過冬，此外最低氣溫維持在5℃就行了。

澆水

春季至秋季生長期，待盆內變乾後再澆水。不過有些仙人掌會在盛夏時停止生長，或是生長速度變慢，這時請控制澆水的頻率。冬季休眠時期停止澆水，也可以採一個月澆1～2次水的頻率，澆到表面土壤微溼的程度即可。

施肥

春季與秋季是移植的好時機，請以基肥為基底，使用固態有機質肥料施肥。

病害與蟲害

病害／有些仙人掌品種的刺較大，尖刺上可能會出現黴菌。此外，仙人掌刺的根部可能會得煙煤病、黑斑病，葉片等部位則會出現黑色斑點，或是長出灰色黴菌。生長期以外的時間，請務必保持植株乾燥。

蟲害／介殼蟲、粉介殼蟲、葉蟎、根粉介殼蟲、蚜蟲、蛞蝓
如果是介殼蟲類且數量不多，可利用鑷子等工具捕殺害蟲。

換盆移植

最理想的做法是每年都幫植株移植，春季與秋季生長期最適合進行移植作業。不過像龍爪球屬等類型的仙人掌在移植時較容易變虛弱，因此請每2～3年移植一次即可。

主要作業

如果不打算採收種子，請在花開之後修剪花朵。

繁殖方法

分株／長出子株的仙人掌，可在移植時進行分株。

扦插／修剪植株後，可將剪下的莖幹拿來扦插。

播種／可以準備兩株相同品種的植株，利用人工授粉的方式播種。

移植1年後的植株（青王丸）。植株長大了，根部塞滿整個盆器。將植株移植到右方大一圈的盆器中。

夏生型是仙人掌的基本生長類型。
原生地有平地，也有山區，
因而有多種生長適溫。
共通點是均不耐潮溼與熱帶夜。

栽種訣竅

打造對抗酷暑的環境

① 置於架上

將植株放在架子上，不僅能保持通風，在管理上也較容易觀察植物的狀況。仙人掌適合放在朝東南方的日照方向、光照良好的屋簷下。

② 盆栽之間保留空隙

盆栽與盆栽之間保留距離，通風更好，可預防植株腐敗或病蟲害。

③ 10～40%遮光環境

利用支架或是木材組裝出牢固的外框，再蓋上遮光網或寒冷紗。除了上方以外，正面與側面也不可受到陽光直射，記得垂下網子，遮住正面與側面。請配合植株種類或環境，適時調節遮光率。另外也要特別留意夕陽照射。

④ 轉動盆器

即使將植株放在戶外屋簷下，受到附近的牆壁或屋簷影響，還是會導致光線只能從特定方向照射植株。如果放著不管，仙人掌便會朝著光照方向傾斜生長。為了防止仙人掌斜向生長，請每週執行1次，將盆器旋轉180度。

傾斜的仙人掌。

Column

特別注意幼苗的日照環境

由左至右，分別為大紅鷹、金晃丸、龍神木。幼苗不能受到強光照射，須將植株置於半日照的遮光環境，並且保持良好的通風。

推薦不同地區的仙人掌

適合北方國家栽培

強刺類仙人掌大多耐寒性強，特別推薦仙人球屬的太平丸。太平丸生長於夏季日夜溫差大的地方，可長出健康的尖刺。裸萼球屬的天平丸、光琳玉等仙人掌品種較能忍受日照不足的冬季，十分適合栽種於北方國家。只要別讓植株凍傷，大部分的仙人掌都不會枯萎，最低氣溫只要維持在5℃就能度過寒冬。

適合南方國家栽培

事實上，許多仙人掌不適合待在高溫炎熱的夏季正午，以及夜晚難以降溫的氣候環境，有些植株會因此而停止生長。但是星球屬的星兜卻能在連續的熱帶夜裡快速生長，很適合栽種於南方國家。不過，星兜的根部十分敏感，每次澆水後都要儘快用吹風機風乾。

仙人球屬
太平丸

在日夜溫差大的環境裡
可培育出美麗的太平丸。

星球屬
星兜

雖然高耐熱，
但須注意悶熱環境。

Column

仙人掌刺究竟從何而來？

仙人掌的尖刺會從生長點（莖部前端進行細胞分裂的位置）長出來。新長的刺十分柔軟，當新的一批刺長出來後，舊的刺會往下移動，並且變得堅硬。

仙人掌的刺有什麼功能？

尖刺可以用來抵禦外敵（例如動物等），還能避免莖部直接受到強光照射。不同品種的仙人掌具有各種形狀的尖刺，每一種刺，都是從刺座的基底中生長出來。不過有些仙人掌的刺已經退化了，僅會留下刺座部位。

仙人掌科Q&A

Q Question

放在窗邊的星兜表面出現咖啡色的斑，這是發霉了嗎？

A Answer

這是植株腐敗的現象……

看起來很可愛的星兜，其實比想像中的還要難照顧。星兜比其他仙人掌更喜歡水分，但根部卻很虛弱；它需要地面的熱氣，但溼氣卻是天敵。因此請定期檢查植株狀況，一旦出現異常就要馬上處理。如果斑點長得更大，植株可能會因此而枯萎，這時就必須動手術了。請用美工刀或是打火機等工具來殺菌，剪掉腐爛的部分後，讓修剪過的部位吹風、照光，並且確實風乾。夏季的強烈日光可能會傷害修剪過的部位，這時請替植株遮光。

栽培時間表

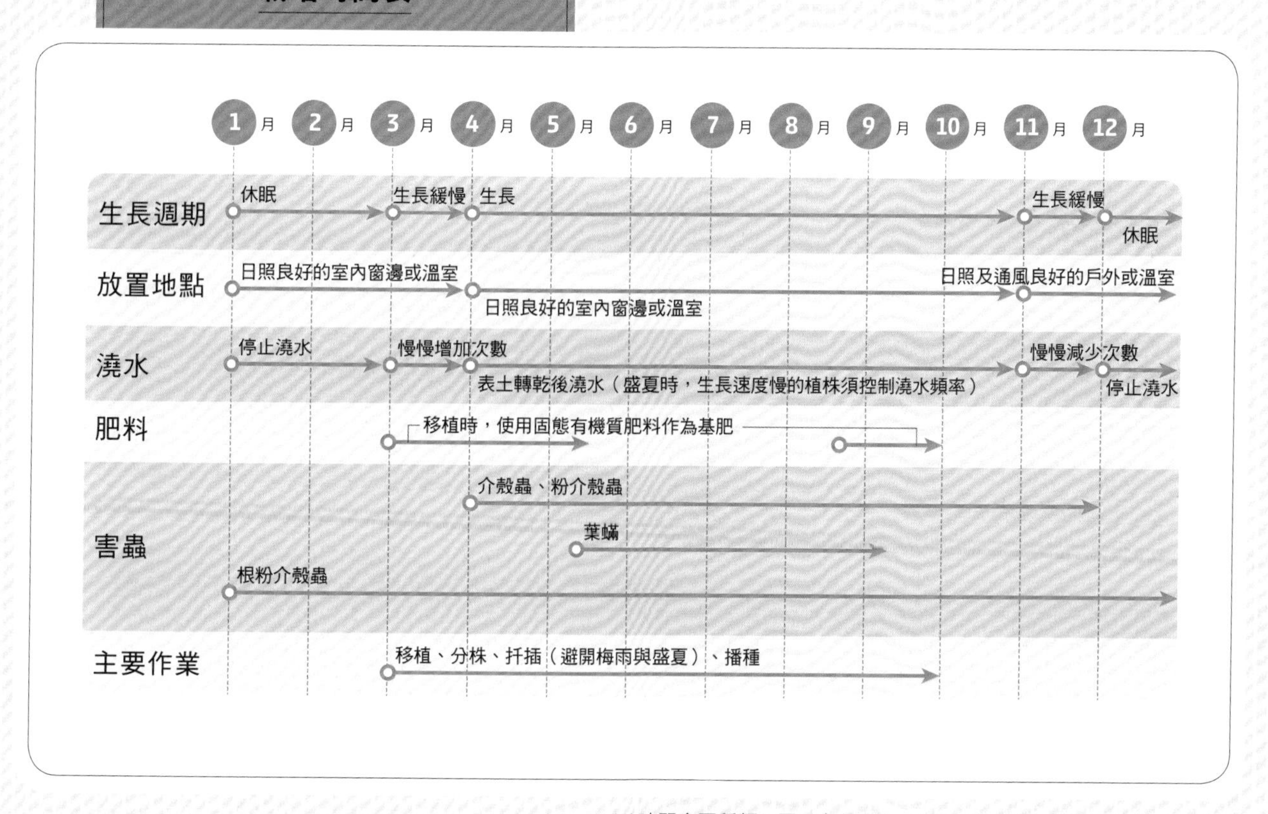

※時間會因種類不同而有差異。 ※以日本關東地區以西為準。

Chapter 5

朝氣蓬勃的寶石

番杏科

Conophytum minimum 'Wittebergense'

冬生型

安珍

番杏科	
肉錐花屬	
難易度	★★★☆☆
生長速度	★★★☆☆

安珍會長出網格狀的分枝，且表面帶有紫色的紋路。秋季至冬季期間為開花時期，植株會在夜晚開出白色的花朵。秋季至春季為生長期，這段期間必須等到盆內完全轉乾之後再澆水。此外，植株在最寒冷的1～2月時期較難風乾，要多加留意。栽培安珍時，建議最好不要使用太大的盆栽。

肉錐花屬或生石花屬等番杏科植物，通稱為番杏科。肉錐花屬多肉的一大特徵，是葉芽會群生出形狀如軟墊的植株。生在原生地的生石花屬，大多生長在滿布砂礫的沙漠或岩石地帶，顏色或外形和周圍的石頭、砂礫十分相似，是很有個性的「擬態」植物。這兩種番杏科多肉在進入休眠之前，每年會脫皮一次，外側枯萎的舊葉直接變成保護層。到了秋季生長時期，植株中間會冒出新葉，就像脫皮一樣向外展開。有些品種可在秋季至冬季期間開花。

Aizoaceae

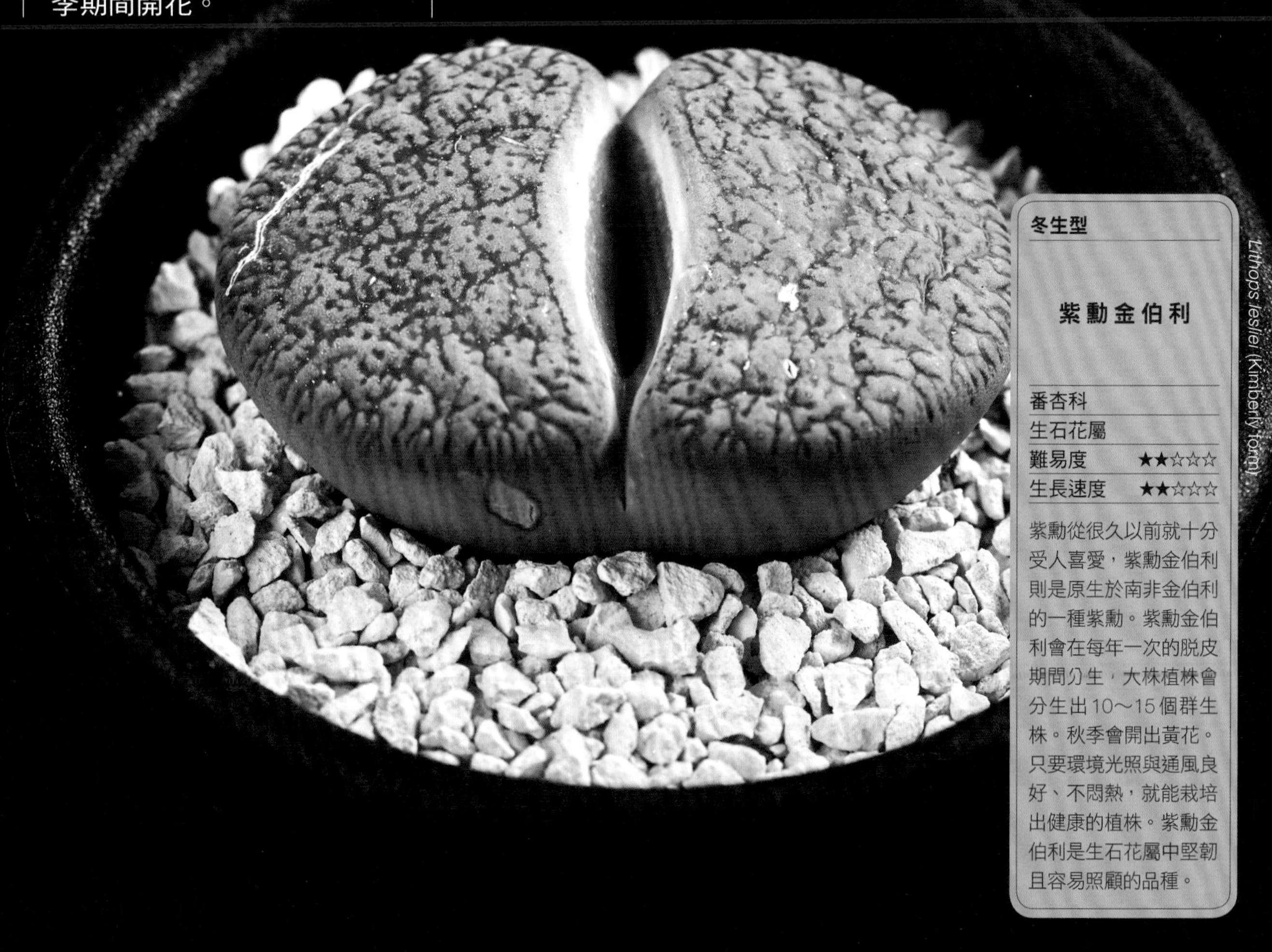

冬生型

紫勳金伯利

Lithops lesliei (Kimberly form)

番杏科	
生石花屬	
難易度	★★☆☆☆
生長速度	★★☆☆☆

紫勳從很久以前就十分受人喜愛，紫勳金伯利則是原生於南非金伯利的一種紫勳。紫勳金伯利會在每年一次的脫皮期間分生，大株植株會分生出10～15個群生株。秋季會開出黃花。只要環境光照與通風良好、不悶熱，就能栽培出健康的植株。紫勳金伯利是生石花屬中堅韌且容易照顧的品種。

冬生型

紅大內玉

Lithops optica 'Rubra'

番杏科	
生石花屬	
難易度	★★★★☆
生長速度	★★☆☆☆

不要將植株放在氣溫低於3℃的環境，才能維持美麗外形。原始種的大內玉在生石花屬中，屬於少數可在雨量極少地區自行生長的類型。盆內轉乾2～3天後澆水。3月中旬～4月為脫皮期，這時水分會從舊葉轉移，植株須維持在微乾的狀態。夏季每月澆2～3次水，澆到表面土壤溼潤即可。

冬生型

五十鈴玉

Fenestraria rhopalophylla ssp. aurantiaca

番杏科	
棒葉花屬	
難易度	★★☆☆☆
生長速度	★★★☆☆

原生於乾溼季分明的地區。植株會於秋季開出黃花，請在日照與通風良好，且不會淋到雨的戶外場所栽培。盛夏時須進行遮光，提供柔和的日照，並放置於日照充足的地點。冬季時，請注意不要讓植株接觸冰霜。秋季至春季，植株轉乾後再充分澆水；盛夏為休眠期，此時請停止澆水。

Titanopsis calcarea

冬生型

天女

番杏科	
天女屬	
難易度	★★☆☆☆
生長速度	★★★☆☆

原生於南非雨量稀少的地區。根部呈芋頭狀用以儲存水分。植株需要在環境通風良好、日照強烈的地方栽培，夏季休眠期時則移至半日照處。雖然耐寒性強，但最低溫度低於3℃時，還是得將植株移到不會吹到北風的屋簷下；氣溫降至0℃以下時植株會凍傷，因此須移到室內或溫室中。

Conophytum 'Opera Rose'

冬生型

Opera Rose

番杏科	
肉錐花屬	
難易度	★★☆☆☆
生長速度	★★★☆☆

有著如日本足袋般的外形，屬於小型交配種。肉錐花屬多肉植物的莖葉會融為一體，通常依照品種外形分為「足袋形」、「馬鞍形」、「圓形（陀螺形）」。請在日照及通風良好且可避雨的戶外環境栽培。冬季不可接觸冰霜。盆內轉乾後澆水，夏季休眠期請控制澆水頻率，並置於半日照的通風處。

番杏科的栽培方法

Aizoaceae

基本栽培法

放置地點

植株需要一整年都放置於日照及通風良好、可避雨的戶外環境。降霜期間請移至室內，以防寒害。梅雨季至夏季期間，當氣溫回升後植株會進入休眠期，請置於通風良好的半日照處，或是依植株所處環境來控管日照程度，宜利用遮光網等物品遮光，遮光率控制在30～50%。

澆水

秋季至春季為生長期，請待盆內風乾後再澆水。表面土壤轉乾後若是馬上澆水，會使得植株過於潮溼。每月最多澆4～5次水，當植株放置在不同地點時，請留意須適時調整澆水的頻率。當葉片出現皺褶等情況時，就是該澆水的徵兆，這也是防止根部腐爛的小訣竅。夏季休眠期不要完全停止澆水，從傍晚開始降溫時一直到晚上這段時間，應酌量澆水，澆水量只要到根部微溼的程度即可。如此一來，秋季時植株就能長得好。

施肥

春季與秋季是進行移植換盆的好時機，可利用緩效性肥料（N-P-K=6-40-6）或固態有機質肥料作為基肥，少量施肥。

病害與蟲害

病害／沒有特別需要注意的疾病。

蟲害／介殼蟲、蚜蟲、根粉介殼蟲、蛞蝓、甘藍夜蛾、葉蟎
花蕾或是花朵上可能會出現蚜蟲，根部可能會長有根粉介殼蟲，植株上則會出現介殼蟲。此外，花瓣上可能有蛞蝓，葉片上也會出現甘藍夜蛾或葉蟎等蟲害。一年當中，也可能發生鳥類入侵啄食的情況。

換盆移植

建議每1～2年換盆1次，如果植株生長狀況變差，或是因為群生導致盆器太小，就需要移植。初春與初秋時期進行移植作業。

主要作業

針對肉錐花屬多肉，須修剪植株上脫皮失敗的葉片。有些生石花屬等種類的植株在脫皮之後，舊葉和新葉之間可能會長介殼蟲，請檢查是否有蟲害。

繁殖方法

播種／若是果實在開花後成熟了，請採收種子並加以保存，並且在9月中至11月期間進行播種。

分株、扦插／移植時，可替群生株進行分株，或是利用剪下的枝幹來扦插繁殖。

番杏科多肉大多為冬生型，
秋季至春季生長旺盛。
雖然也有春秋生型或夏生型，
但此處以P.84～P.87介紹的冬生型為主。

栽種訣竅

水分補充是關鍵 留意澆水的徵兆

生長期時，請等盆內完全風乾後再澆水。無論如何一個月最多只能澆4～5次水。此外，也需要搭配植株的放置地點來調整澆水的頻率，不可視為例行事項機械式地澆水，請確實觀察植株狀況，確認植株是不是真的缺水。觀察的要點是仔細查看植株表面的「皺褶」，當植株水分不足時，葉片側片會出現皺褶。這時用手碰碰看，就會發現整個植株失去彈性，變得很軟。最好的做法，就是掌握植株缺水之前的時機，適時地澆水。

葉片側面出現皺褶。

栽培時間表

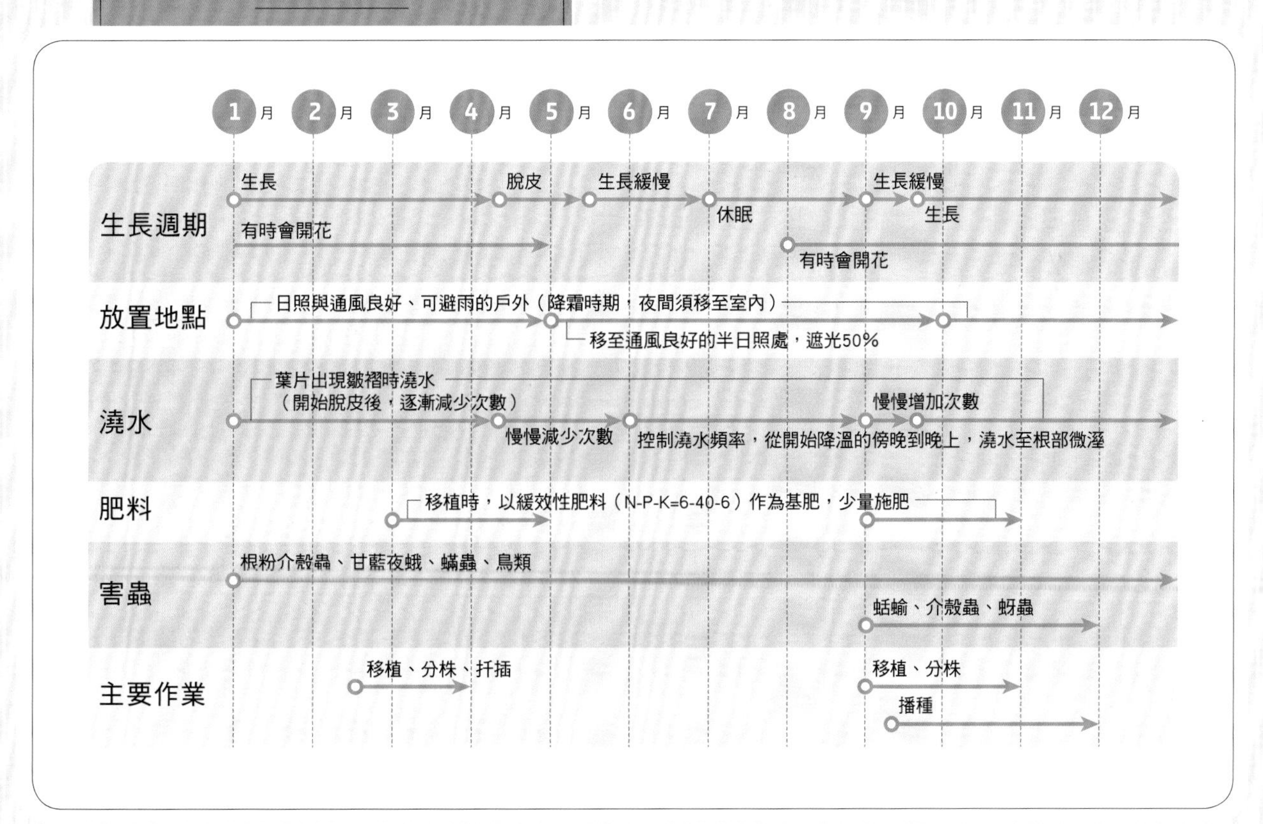

※時間會因種類不同而有差異。 ※以日本關東地區以西為準。

大戟屬

夏生型

勇猛閣

Euphorbia ferox

大戟科	
大戟屬	
難易度	★☆☆☆☆
生長速度	★★★☆☆

乍看之下長得很像仙人掌的多肉植物，身上帶有紅色硬刺。勇猛閣會長出子株，形成外觀渾圓的群生株。一整年必須提供充足的光照，日照不足會造成尖刺的尺寸和顏色不佳。冬季休眠期時，請置於窗邊管理，轉動盆栽讓整株植株都能照到陽光。

大戟屬遍布世界各地，是種類多元的植物群體，品種大約有2000種，其中約有500～1000種大戟屬被歸類為多肉植物。大戟屬分布範圍廣，日本的大戟屬多肉分別有「夏生型」、「春秋生型」、「冬生型」等多種生長類型。根據植株型態，可大致分為「柱狀」、「球形」、「灌木狀」、「塊根形」、「章魚形」5種類型。若觸碰大戟屬的白色樹液，會導致黏膜發炎，一定要多加注意。

Euphorbia

Euphorbia mammillaris f. variegata

夏生型

白樺麒麟

大戟科	
大戟屬	
難易度	★★☆☆☆
生長速度	★★★☆☆

玉麟鳳是大戟屬多肉的基本款，白樺麒麟即玉麟鳳的斑錦品種。植株可長到30公分，秋季至冬季時會染上美麗的粉紅色。盛夏時期可能會曬傷，須避免陽光直射。請提供適度的遮光環境，並放在日照及通風良好的地點管理。冬季時請移至室內，溫度維持在5℃以上。

夏生型

九頭龍

Euphorbia inermis

大戟科	
大戟屬	
難易度	★★★☆☆
生長速度	★★★☆☆

從塊根上長出許多枝條的「章魚形」大戟屬。莖部會變長，大型種最長可以長到70公分左右。冬季時，請將植株擺置於可受日照的窗邊管理，但是正午時要放在戶外，讓植株待在寒冷的環境裡，不能一直放在室內。日照不足或通風不良會造成徒長，植株會因此長不好，請多加注意。

夏生型

紅彩閣

Euphorbia enopla

大戟科	
大戟屬	
難易度	★☆☆☆☆
生長速度	★★★★★

外形呈柱狀，長得很像柱狀的仙人掌，但紅彩閣在分類上是屬於大戟屬而不是仙人掌。植株結實且容易照顧，非常適合多肉植物的新手玩家。當植株接受充分的光照後，會冒出新葉，並長出鮮豔的紅刺，十分美麗。盛夏時期請盡量避免陽光直射，保持環境良好通風，不要放置在潮溼的地點。

Euphorbia gamkensis

夏生型（春秋生型）

Euphorbia gamkensis

大戟科	
大戟屬	
難易度	★★★★☆
生長速度	★★☆☆☆

圓滾滾的塊根上會長出章魚腳般的枝幹，屬於「章魚形」小型種。植株的耐寒性強，但十分不耐高溫潮溼的環境，因此夏季時請置於涼爽且通風的地點管理。這個品種原本生長在乾燥地區，只需要提供少量的水分即可。原先被歸類為夏生型多肉植物，但近年來普遍公認應為春秋生型。

Euphorbia tulearensis

夏生型

圖拉大戟

大戟科	
大戟屬	
難易度	★★★★★
生長速度	★☆☆☆☆

塊根形大戟屬，原產自馬達加斯加的稀有種。喜歡半日照環境，強烈的日光可能造成葉片凋落。屬於瀕臨絕種的植物，華盛頓公約附錄一的物種。除了經過人工繁殖的植株，以及以學術研究為目的的植株以外，原則上禁止國際間交易。

冬生型

鬼笑

Euphorbia ecklonii

大戟科

大戟屬

難易度 ★★★★☆

生長速度 ★☆☆☆☆

小型的塊根植物，又有「鬼笑」的別稱。植株經年累月後，主根會分生出２根、３根、４根的支根。栽培時，請在光照及通風良好、可避雨的戶外管理，夏季休眠期則置於半日照處。澆水時，待盆內完全轉乾後再充分給水，夏季停止澆水。初秋時期，等氣溫開始下降後再重新澆水。

Euphorbia stellispina

夏生型（春秋生型）

群星冠

大戟科	
大戟屬	
難易度	★★★☆☆
生長速度	★★☆☆☆

結實堅韌，易於照顧。群星冠的名稱取自其成群的星形尖刺。請在光照及通風良好、可避雨的戶外栽培。植株可能會因強烈光照而曬傷，需要做好遮光。盆內完全轉乾後澆水，進入休眠期時改為一個月1～2次的頻率，澆至盆土微溼的程度即可，以免植株的細根枯萎。

大戟屬的栽培方法

Euphorbia

基本栽培法

放置地點

請放置於光照及通風良好、可避雨的戶外環境。當最低氣溫低於5℃時（夏生型不耐寒，最低可耐溫度為10℃），生長速度會減慢，此時請將植株移至明亮的室內或溫室中過冬。

澆水

12～2月為低溫期，7月中～8月為高溫期，許多植株會在低溫期或高溫期期間休眠。植株分泌的汁液會因為保持乾燥而變濃，濃稠的汁液可幫助植株更耐低溫或高溫。初春或初秋時，植株開始長出新芽，就能開始慢慢澆水；生長期時，請待表土風乾後再澆水。

施肥

春季與秋季是移植夏生型多肉的好時機，請施以緩效性肥料（N-P-K-Mg=6-40-6-15）等肥料作為基肥，按規定用量施用。冬生型多肉則是於春、秋季時一個月施一次肥，請使用濃度較低的液態肥料（N-P-K=6-10-5）等肥料。

病害與蟲害

病害／白粉病

蟲害／介殼蟲、蚜蟲、根粉介殼蟲、葉蟎等

花蕾或花朵可能會長出介殼蟲或蚜蟲，根部則會長根粉介殼蟲。有些品種也可能遭受粉蝨或葉蟎的侵害。

換盆移植

一年移植一次。只要當植株處於生長期，隨時可移植；初春與初秋也是適合移植的時間。

主要作業

於生長期修剪植株。

繁殖方法

扦插／剪下較長的柱狀莖幹，就能進行扦插。請用清水清洗切面，洗去從切面溢出的白色汁液，若不加以處理，根部會因汁液凝固而難以生長。

分株／可在移植時，替群生的植株分株。

播種／可以埋下種子進行繁殖。但是要留意有些品種為雌雄異株。

Column

缺乏光照，變得像豆芽菜！

如果葉片變細、顏色變淡，就表示日照不足。趕緊讓植株曬太陽！

大戟屬分布廣泛，
生長類型多元，
如夏生型、冬生型、春秋生型。
溫差大的春季與秋季，大多生長旺盛。

栽培時間表

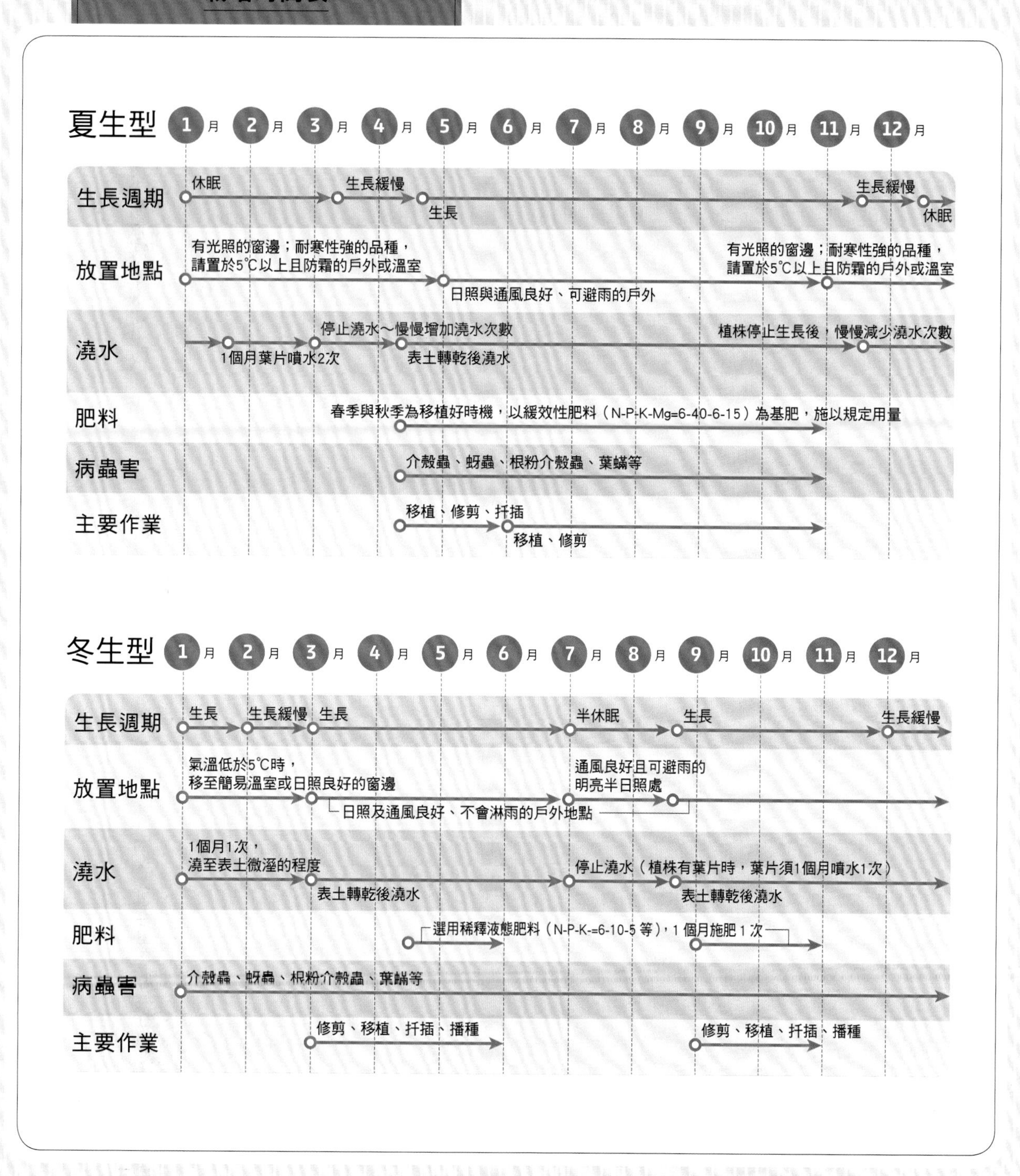

※時間會因種類不同而有差異。 ※以日本關東地區以西為準。

龍舌蘭＆蘆薈

春秋生型

黑魔殿蘆薈

阿福花科

蘆薈屬

難易度 ★★★★☆

生長速度 ★★☆☆☆

原生於海拔高度較高的地區。栽培時，需要在日照及通風良好、可避雨的戶外環境中管理。植株需要充分的日照，應擺置於日夜溫差大的環境；澆水時，要等盆內完全轉乾後再給水。黑魔殿蘆薈不喜歡悶熱環境，夏季時植株容易悶住，請減少澆水的次數。適合移植的時間為3～5月與9月中旬。

　龍舌蘭屬多肉的蓮座狀硬質葉片，以及葉片前端銳利的尖刺是一大特徵。龍舌蘭極具時尚魅力，有些品種具有白色或黃色的條狀斑紋，有些則有白色絲狀物。除了受歡迎的小型多肉之外，其他像龍舌蘭這種生長快速的大型種多肉也很有氣勢，極富魅力。

　蘆薈屬多肉十分健壯，容易照顧，很適合新手玩家。蘆薈屬多肉約有500種，風格多樣，魅力十足，本章主要介紹具有鋸齒狀突起尖刺的品種。大部分的龍舌蘭屬與蘆薈屬多肉屬於夏生型。

Agave & Aloe

夏生型

吉祥冠

Agave potatorum 'Super Crown'

天門冬科	
龍舌蘭屬	
難易度	★★☆☆☆
生長速度	★★☆☆☆

吉祥冠具有鮮明的黃色覆輪斑，葉片顏色呈現鮮明的對比，既吸睛又美麗。可能是因為葉綠素較少，生長速度較緩慢；不過吉祥冠天生健壯，園藝新手照顧起來也不會太辛苦。一整年都要將植株置於日照良好的環境，盛夏時需要做好遮光對策。進入冬季後，環境溫度請維持在5℃以上。

夏生型

喜岩蘆薈

Aloe suprafoliata

阿福花科

蘆薈屬

難易度 ★★☆☆☆

生長速度 ★★★☆☆

葉片呈左右對稱，層層交疊向外展開，外觀相當獨特。這種多肉植物植株健壯且容易照顧，但需要放在日照及通風良好、可避雨的戶外環境中栽培。如果環境變得惡劣，會導致葉子變細。進入生長期時，請待盆土完全轉乾後再澆水。雖然是夏生型，但盛夏時期容易悶住，請減少澆水的頻率。

夏生型

卡斯特蘆薈

Aloe castilloniae

阿福花科

蘆薈屬

難易度 ★★☆☆☆

生長速度 ★★★☆☆

這個蘆薈品種發現於馬達加斯加，自登記以來僅有十多年培育歷史，可說是相當新的品種。葉片呈蓮座狀，層層疊疊地生長。栽培時，必須在日照及通風良好的地點管理植株，此外也需要做好遮光對策。進入冬季後，請將植株擺入溫暖的環境裡，並停止澆水。

Aloe arenicola

冬生型、春秋生型

極樂錦蘆薈

阿福花科	
蘆薈屬	
難易度	★★★★☆
生長速度	★★★☆☆

年輕植株的葉片會像照片一樣向上生長，隨著植株長大，會逐漸攀附地面。極樂錦蘆薈整年都要擺置於通風良好的戶外地點，冬季時，則要移至可遮蔽冰霜與北風的地點。進入生長期後，須置於光照良好的戶外環境中管理，盛夏時則需要稍微遮光，並停止澆水。

Aloe chortolirioides var. woolliana

夏生型

Aloe woolliana

阿福花科	
蘆薈屬	
難易度	★★☆☆☆
生長速度	★★★☆☆

葉片像草一樣展開來，屬於草形蘆薈的一種。植株挺立，就像莖幹一樣長著子株，其獨特的外形是一大看點。生長期為夏季，但是不耐盛夏陽光直射，須進行遮光，並置於通風良好且涼爽的地點。最低可耐氣溫為3℃，只要植株沒有凍傷就能放在戶外過冬。

夏生型

曲刺妖炎

Agave utahensis var. eborispina

天門冬科	
龍舌蘭屬	
難易度	★☆☆☆☆
生長速度	★☆☆☆☆

曲刺妖炎生長在美國猶他州至內華達州一帶，特徵是葉片前端有著長長的白刺。植株的尖刺愈長且愈白，則愈受歡迎。曲刺妖炎性喜強光環境，耐熱也耐寒，但是這種多肉植物卻不耐潮溼，因此每逢春季至秋季時期，請將植株改放在通風良好的環境中管理。

夏生型

Aloe aculeata var. crousiana

阿麗錦

阿福花科	
蘆薈屬	
難易度	★★☆☆☆
生長速度	★★★☆☆

肥厚的銀藍色葉片，遍布紅褐色的尖刺；進入秋季時，葉片會出現瑰麗的紫紅色。植株一整年都不可以受到陽光直射，因此必須在可接收柔和光照的地點栽培。植株會逐漸叢生，種植多年後會長成2公尺以上的大植株。下葉會因悶熱等狀況而變成咖啡色，這時請儘快修剪變色的葉片。

龍舌蘭&蘆薈的栽培方法

Agave & Aloe

基本栽培法

放置地點

請放在日照與通風良好、可避雨的戶外地點。冬季時，則放在可防霜的戶外環境，當氣溫降至0～5℃以下時（耐寒溫度會因種類不同而有所差異），請將植株移到室內窗邊或是溫室中。許多蘆薈屬多肉都十分健壯，有些品種即使淋到雨也能維持健康；有些品種即使進入冬季時，也能在戶外過冬。

澆水

生長期時，請待盆內轉乾後再澆水，盛夏時期則需要保持盆內乾燥。冬季時每一個月澆一次水，澆水至表面土壤微溼的程度即可；不耐寒的品種則要停止澆水。

施肥

以緩效性肥料（N-P-K-Mg=6-40-6-15）為基肥，按規定用量來施用肥料。

病害與蟲害

病害／黑星病、鏽病等

春季到秋季會出現黑星病，秋季到冬季則會出現鏽病。一旦發現病害，請立刻去除生病的葉片。

蟲害／介殼蟲、纓翅目

整年都可能長介殼蟲。纓翅目則容易出現在夏季高溫時期，請多加注意。發現蟲害後請儘早除蟲。

換盆移植

盆器裡塞滿根部會造成植株發育不良，因此每2年就得換一次盆，請在3～5月（龍舌蘭則到4月底）或9月中旬時進行移植。請先去除三分之一的盆土，將植株移植到比原本的盆器大1～2圈的盆器中。移植後的根部容易受傷，移植後幾天內不要澆水。

主要作業

龍舌蘭屬於開花後母株便會結束生命的多肉。如果植株長出子株，則需要移植子株。針對蘆薈屬多肉，如果不打算在開花後採收種子，當植株開花後請取下花柄。

繁殖方法

分株／長出子株後，從母株身上取下子株，進行分株。春季或秋季適合進行分株。

扦插／春季或是秋季時可進行扦插。

播種／採收成熟的種子，並於春季或秋季時播種。

Column

如何讓葉片保持銳利外形？

請讓植株接收強烈的光照，確認盆土內部是否已風乾（請參閱P.23），再進行澆水。根部除了會因太潮溼而腐爛之外，也會因水分不足而受傷，須多加注意。進入冬季休眠期後，請減少澆水次數。

龍舌蘭屬是夏季生長旺盛的夏生型，
大部分的蘆薈屬也是夏生型，
少部分為春秋生型或冬生型。
植株須遮雨防霜，才能保有銳利的葉片。

栽培時間表

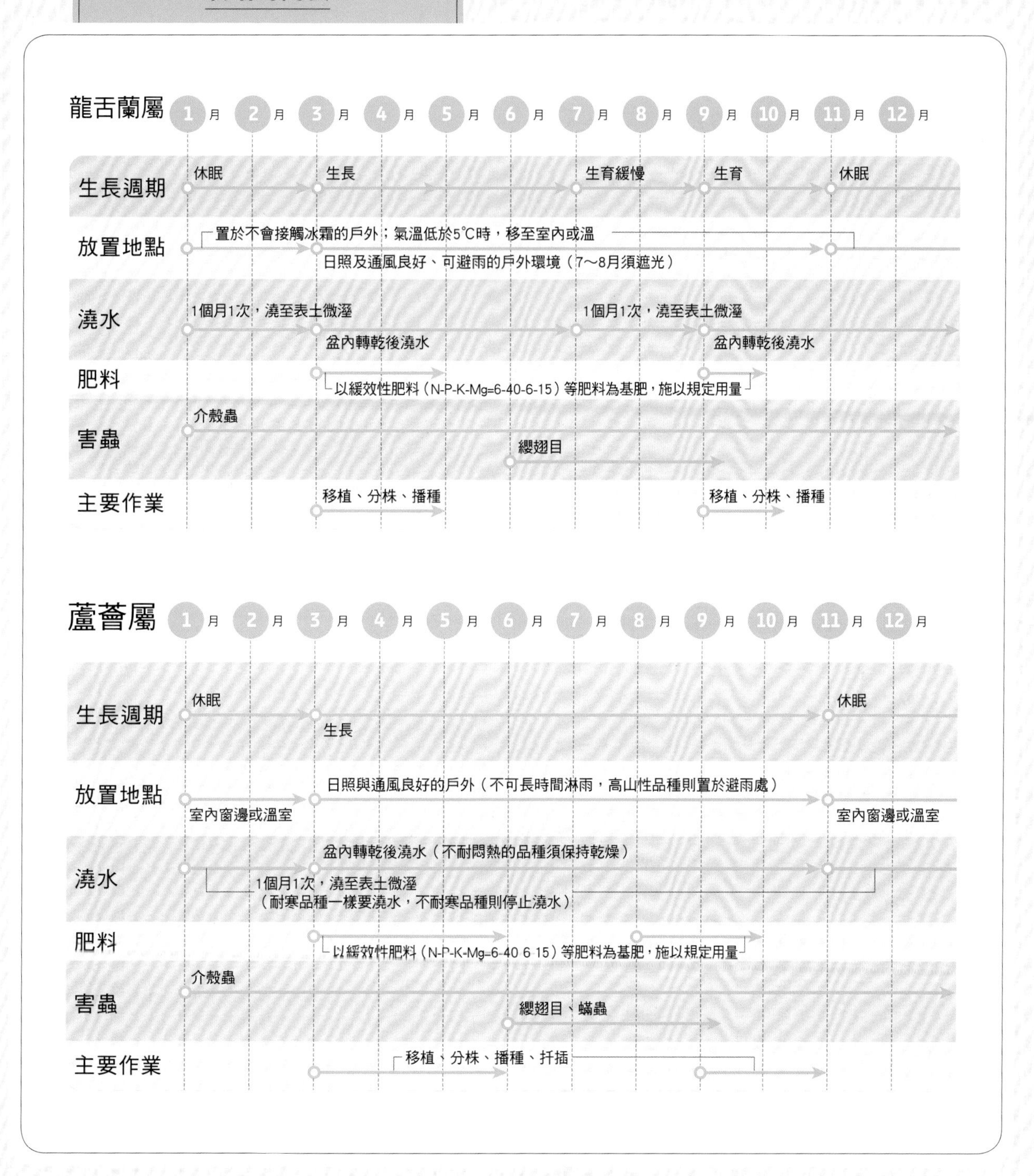

※時間會因種類不同而有差異。 ※以日本關東地區以西為準。

Chapter 8

其他多肉植物

春秋生型

熊童子錦

Cotyledon tomentosa ssp. ladismithiensis f. variegata

景天科

銀波錦屬

難易度 ★★☆☆☆

生長速度 ★★★★☆

熊童子錦的葉片前端呈現鋸齒突起狀，就像小熊的手掌一樣，可愛的外形正是名稱的由來。栽培時，須擺置於日照及通風良好的戶外地點管理，植株在夏季時不耐高溫潮溼，因此須利用遮光等方式來營造出柔和的光照，並留意環境不宜潮溼。夏季與冬季時請保持乾燥，一個月澆1～2次水。

除了前面介紹的多肉植物以外，還有各種獨特的多肉類性。有的多肉Q彈柔軟、外形蓬鬆且光澤感十足，特殊的質感讓人忍不住想摸摸看；有的多肉植物乍看之下很不像植物，怪奇的外形超有個性。本章一次介紹多種魅惑人心的多肉植物。

冬生型、春秋生型

Crassula plegmatoides

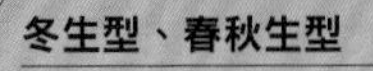

玉稚兒

景天科	
青鎖龍屬	
難易度	★★★★☆
生長速度	★★☆☆☆

紋理細緻的白色葉片就像毛毛蟲般連在一塊。必須在日照以及通風良好、可避雨的戶外環境栽培。夏季這段期間，很難拿捏光照、通風及溼度的平衡，盛夏時期不可受到強烈光照，應置於通風地點並保持乾燥。相對較為耐寒，但不能接觸寒霜，避免植株凍傷。此外也要減少澆水的次數。

Orostachys iwarenge var. boehmeri f. variegatae

春秋生型

子持蓮華錦

景天科	
瓦松屬	
難易度	★★☆☆☆
生長速度	★★★★☆

子持蓮華的斑葉品種。植株底部會長出多條的匍匐莖，前端則會長出子株。子持蓮華錦喜歡涼爽的環境，因此需要在通風良好、明亮的半日照環境栽培。進入盛夏時期後，如果植株受到陽光直射，整株會變紅，須多加注意。盛夏的休眠期與冬季嚴寒期間，請減少澆水次數並保持乾燥。

冬生型

稚兒姿

景天科	
青鎖龍屬	
難易度	★★★★★
生長速度	★☆☆☆☆

稚兒姿的下葉容易因潮溼而悶住，照顧不易。栽培時，必須在日照及通風良好、可避雨的戶外地點管理。進入夏季後，須利用遮光等方式緩和光照，並擺置於通風良好的向陽處；冬季時則要注意不可以讓植株接觸到冰霜或北風。盆土轉乾後，請充分澆水；初夏至初秋時須減少澆水的次數。

Crassula deceptrix

Pachyphytum 'Hoshibijin'

春秋生型

星美人

景天科	
厚葉草屬	
難易度	★★★☆☆
生長速度	★★★☆☆

厚葉草屬最值得一看之處，就屬肥厚渾圓、色彩細緻的葉片了。為了維持葉片美麗的外形，請將植株置於戶外，並提供充分的日照，這點十分重要。當夜晚氣溫低於3℃時，便要將植株移至室內環境；正中午時，則盡量放在戶外曬太陽。

春秋生型

Pink Chiffon

景天科	
風車草屬X擬石蓮屬	
難易度	★★☆☆☆
生長速度	★★★☆☆

為醉美人與雪蓮的交配種，鬆軟朦朧的粉色葉片高貴而典雅。嚴冬季節，必須將植株擺入室內窗邊加以管理，正中午時則置於戶外，就能養出緊實的健康植株。澆水方面，待表面土壤風乾後再澆水；夏季時不用停止澆水，葉片出現皺褶後再澆水。盛夏時植株太悶會導致下葉凋零，請多加注意。

Graptoveria 'Pink Chiffon'

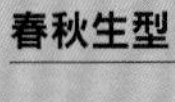

春秋生型

虹之玉錦

Sedum rubrotinctum 'Aurora'

景天科	
佛甲草屬	
難易度	★☆☆☆☆
生長速度	★★★★★

為佛甲草屬虹之玉的斑葉品種。葉片前端呈粉色，秋季時開始變色，整個植株都會變成粉紅色。耐寒性強，如果種植在日本關東地區的平地，冬季時亦可在戶外栽培。進入冬季後，須將植株置於不會接觸到冰霜及北風的屋簷下。澆水方面，待盆土轉乾後再充分澆水，夏季與冬季則保持乾燥。

春秋生型

乙女心

Sedum pachyphyllum

景天科	
佛甲草屬	
難易度	★☆☆☆☆
生長速度	★★★★★

乙女心肥厚的葉片，外形像極了雷根糖，而且進入秋季後，葉片前端還會染上紅色。栽培時須放在通風良好的戶外環境。進入冬季後，擺置在不會接觸到冰霜及北風的屋簷下。春季與秋季時，盆土轉乾後再充分澆水；夏季與冬季則保持乾燥。利用葉插或扦插法，便可以輕易繁殖乙女心。

春秋生型

虹之玉

Sedum rubrotinctum

景天科	
佛甲草屬	
難易度	★☆☆☆☆
生長速度	★★★★★

虹之玉特性十分堅韌，容易栽培。綠色的葉片會在初秋生長期逐漸轉紅，呈現美麗動人的色澤，請在通風良好的戶外環境栽培。進入冬季後，將植株擺置在不會接觸冰霜及北風的屋簷下。春季與秋季期間，待盆土轉乾後再充分澆水，夏季與冬季則保持乾燥。可利用葉插或扦插法來繁殖。

Cyrtanthus obliquus

夏生型

火燒百合

石蒜科	
垂筒花屬	
難易度	★★★☆☆
生長速度	★★★☆☆

火燒百合原產自南非，也是垂筒花屬當中最大型的球根，葉片呈螺旋狀。春季至初夏為植株開花期，紫紅色的粗大莖部垂直生長，會開出橘黃漸層的花朵。球根埋在土裡的部分愈多，植株便會長得愈好。進入冬季時，當葉片枯萎之後便要停止澆水，讓植株休眠。

冬生型

鋼絲彈簧草

天門冬科	
哨兵花屬	
難易度	★★★☆☆
生長速度	★★★★☆

葉片垂直如蕨類野蔬般的形狀，照片中的鋼絲彈簧草為捲度更高的園藝品種。須放在日照及通風良好的戶外環境，若未受到充分日照，葉片會捲不起來。夏季休眠期，地上部莖葉枯萎，請將植株置於半日照處，並停止澆水。秋季前後，植株開始冒出葉芽時，待表面土壤轉乾後澆水。

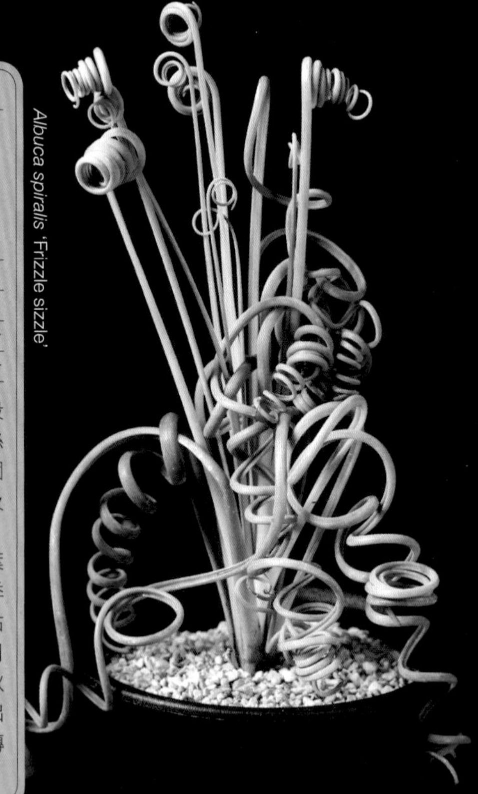

Albuca spiralis 'Frizzle sizzle'

Aeonium smithii

冬生型

晶鑽絨蓮

景天科	
蓮花掌屬	
難易度	★★★☆☆
生長速度	★★☆☆☆

晶鑽絨蓮原產自加那利群島，葉片形狀像荷葉邊，背面有許多紅色條狀突起，莖部會長出細毛。夏季時，葉片會全部凋落，只留下枝幹並開始休眠，這時請將植株移至可避雨、通風良好的半日照環境，並停止澆水。如果想維持漂亮的外形，訣竅是生長期時讓植株暴露在日夜溫差較大的環境中。

夏生型

凝蹄玉

夾竹桃科	
凝蹄玉屬	
難易度	★★★★☆
生長速度	★★☆☆☆

請將植株置於遮光率20～40%，且通風良好的地點。凝蹄玉的耐寒性差，因此冬季時須置於室內窗邊，並保持溫度在7℃以上。若通風不佳，植株會因悶熱而枯萎，要避免高溫潮溼的環境。盆內完全轉乾後再澆水，秋季時減少澆水次數，冬季則停止澆水。待春季氣溫回升後再慢慢開始澆水。

Pseudolithos migiurtinus

Kalanchoe tomentosa 'Golden Girl'

夏生型

黃金兔

景天科	
伽藍菜屬	
難易度	★★☆☆☆
生長速度	★★★★☆

黃金兔的葉片布滿許多金色的細毛，外表熠熠生輝。栽培時，須放在日照及通風良好的戶外管理。進入冬季休眠期後，不可讓植株暴露在5～10℃以下的環境。待表面土壤轉乾後再澆水，梅雨與盛夏時須維持乾燥。冬季進入休眠期後停止澆水，或是以一個月2次的頻率，用噴瓶替葉片噴水。

冬生型

花葉扁天章

景天科	
天錦章屬	
難易度	★★★☆☆
生長速度	★★☆☆☆

植株一整年盡量都擺放在通風且乾燥的地點管理，須特別注意夏季的高溫潮溼。春季與秋季期間，植株需要充分光照，並且待表面土壤轉乾後澆水。如果冬季氣溫持續低於5℃，請將植株改置於室內窗邊，並停止澆水。由於花葉扁天章的葉片很容易脫落，因此移植換盆時請小心一點。

Adromischus trigynus

xSedeveria 'Letizia'

春秋生型

綠焰

景天科	
景天屬X擬石蓮屬	
難易度	★★★☆☆
生長速度	★★★☆☆

綠焰為景天屬的*Sedum cuspidatum*與擬石蓮屬的王妃錦司晃交配後的品種。冬季時，葉片的邊緣會變成美麗的大紅色。春季與秋季時，須將植株放在光照及通風良好的地點管理，也要注意不可讓植株持續淋雨。夏季為休眠期，應改置於通風良好的半日照處，並且減少澆水的次數。

冬生型

達摩綠塔

景天科	
青鎖龍屬	
難易度	★★★☆☆
生長速度	★☆☆☆☆

達摩綠塔原產自南非。莖部長度比基本品種來得短，外形也較矮胖。春季與秋季為生長期，請置於光照及通風良好的戶外場所，如果日照不足會造成植株徒長。進入夏季後，如果受到強烈光照，會使得葉片燒傷或悶壞，須多加留意。待表面土壤轉乾後再澆水；夏季與嚴冬時期，請停止澆水。

Crassula pyramidalis var. compactus

修剪植株時，
可以剪下
用來扦插的枝條。

扦插、葉插、分株
多肉三大繁殖法，
新手也能輕鬆種植。
進階玩家
不妨挑戰播種法喔！

進行分株時，請慢
慢地搖晃植株，將
母株與子株分開，
避免傷到根部。

使用剪刀或美工刀
等刀具前請先消毒。

替仙人掌等
具尖刺的多肉分株時，
別忘了配戴手套。

新手玩家也能輕鬆上手

多肉植物的繁殖方法

種植時，
單手握住植株，
同時將介質
加入盆器中。

3種繁殖方法

以下介紹適合新手的3種繁殖方法。基本上要如何選擇繁殖方法，其實並非根據品種決定，而是依植株的外觀狀態，選出較適合的方式。以下介紹的方法不僅可以達到繁殖多肉的目的，也能用以修整雜亂的植株。

繁殖法		特徵	適用的植株類型
1	扦插法	莖部會向上生長的類型，可利用從母株剪下的莖部來繁殖。生長速度比葉插法還快。	莖部很長的多肉
2	葉插法	利用從母株拔下的葉片繁殖。可大量繁殖，但需要較長時間才能將植株栽培到一定大小。	莖部不長的多肉
3	分株法	從母株取下子株，利用子株來繁殖。可用來移植長得較大的植株，是最不容易失敗的方法。	會長出子株的多肉

三大基本原則

原則／1

生長初期最適合繁殖

不論春秋生型、夏生型，還是冬生型多肉，生長初期的植株很容易發根，這時最適合進行繁殖工作。

原則／2

選擇健康的植株

如果母株太虛弱，用來扦插的枝幹將難以長出葉芽和根，繁殖的成功率較低，因此請選用健康的植株。

原則／3

注意病菌

從母株剪下其他部位之前，請先消毒刀器，以免病菌從切口侵入植株。為避免刀器壓迫到組織，也要使用銳利的修剪工具，並使用新的介質。

1 扦插法

［範例植株］

風車草屬 朧月

原本垂直站立的莖部，上端隨著植株生長而變重，逐漸垂落。

［基本道具］

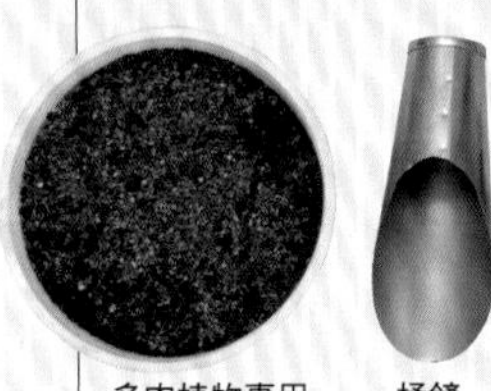

多肉植物專用培養土　桶鏟

美工刀　打火機（消毒用）　鑷子

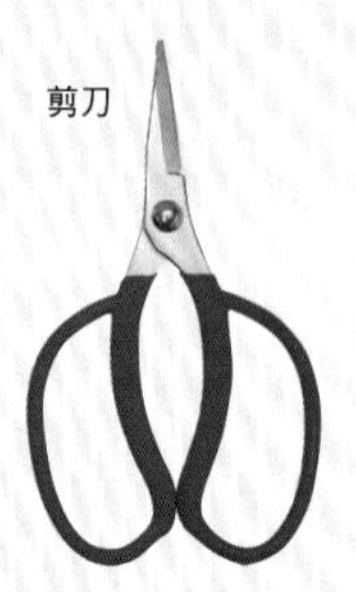

剪刀

［準備］

使用刀具前，先用打火機加熱消毒，也可以只用消毒劑擦拭消毒。

Process 

插穗插入介質的深度最少要1公分，剪下想要栽培的枝條長度。

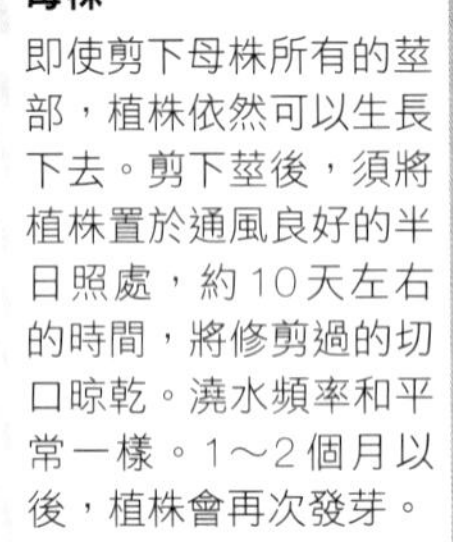

母株

即使剪下母株所有的莖部，植株依然可以生長下去。剪下莖後，須將植株置於通風良好的半日照處，約10天左右的時間，將修剪過的切口晾乾。澆水頻率和平常一樣。1～2個月以後，植株會再次發芽。

Process 

利用盆栽底部的孔洞讓插穗懸空，等待發根。將盆器置於通風良好的半日照處，確實風乾修剪過的切口。戶外溫度建議控制在10℃以上。如果夜晚氣溫降低，請將盆器移至室內。

莖部的發根時間，因粗細程度、種類及管理方式等條件不同而有所差異。通常會在3週～1個月左右發根。

插穗

從一株朧月身上剪下5根插穗，依序扦插。

有些多肉植物（例如佛甲草屬等）插穗上長有下葉，如下方的圖片所示，替這種類型的多肉扦插時需要拔掉下葉。只要拔下來的葉片外觀完好，就能用來葉插。照片中的植株是佛甲草屬黃麗。

Process 

將發根後的插穗種入大小差不多的盆栽中。握住插穗放在盆栽中央，接著倒入介質。

Process 

4～5天後開始澆水。

可採用扦插法的其他品種

佛甲草屬
虹之玉

佛甲草屬
虹之玉錦

伽藍菜屬
星兔耳

※為夏生型，4月以後較適合扦插。

蓮花掌屬
黑法師

青鎖龍屬
博星

2 葉插法

［範例植株］

**佛甲草屬
綠龜之卵**

外觀具有圓滾滾的肥厚葉片，為活潑可愛的人氣品種。

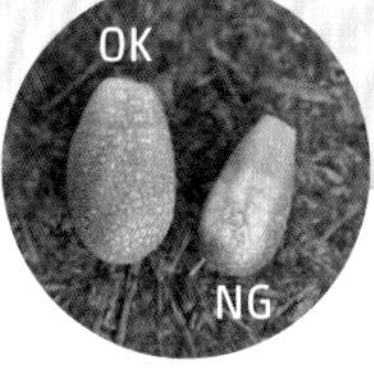

選用完好未受傷的葉片。圖中右邊的葉片變色了，不適合用來葉插。

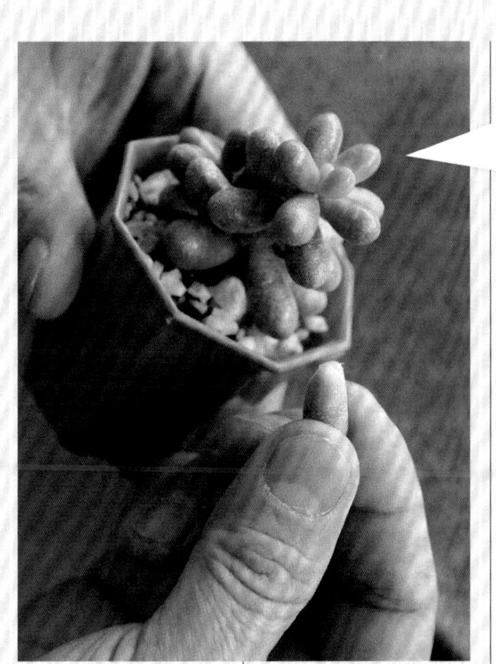

Process 

從根部拔取葉片。

Process 

介質深度最少達2～3公分，將葉片間隔1～2公分放在介質上。不必將葉片埋入土裡，請直接放在土壤上。盆栽置於涼爽的半日照處，發根以前不要澆水。

Process 3

葉片根部長出新芽，最快要2～3週的時間。長出根之後，就用介質覆蓋根系，並將根系種入土裡。

Process 

植株開始發芽後，用鑷子連同根部一起輕輕地把植株挖出來，接著移植到盆器裡。植株從②長到④，大約需要2年的時間。待母葉枯萎後再開始澆水。

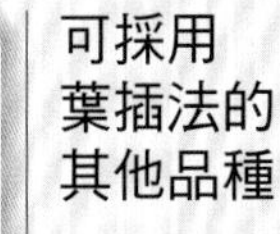

可採用葉插法的其他品種

風車草屬
姬秋麗

天錦章屬
松蟲

擬石蓮屬
昏炎之宵

column

塊根植物的繁殖方法

塊根植物種類繁多，讓人不知道該如何繁殖而頗感為難。以下為你介紹關於塊根植物的繁殖方法。

可扦插的種類

福桂樹屬、棒錘樹屬、蓋果漆屬、天竺葵屬等種類的塊根可以扦插繁殖。不過扦插法會讓塊根原本的外形走樣，因此要在修剪枝幹時進行扦插繁殖。

可葉插的種類

除了少部分的景天科塊根（例如奇峰錦屬等）可以葉插繁殖外，其他塊根植物大多無法葉插繁殖。

可分株的種類

部分可長在土壤裡的塊根品種（例如羽葉洋葵等）可分株繁殖。

可根插的種類

剪下母株身上的根，繁殖技巧與扦插法相同。彩葉漆樹等根部較粗壯的塊根，可以採用根插繁殖。

3 分株法

［範例植株］

十二卷屬
姬玉露

特徵為半透明的葉片前端。母株周圍的子株增加，形成大植株。

十二卷屬的分株方法

Process 1

植株長出子株後，去除根部的土團，將連結子株的匍匐莖分開。如果硬扯的話，會把葉片和根部一起扯下來，所以請以慢慢晃動的方式將子株分開。

匍匐莖將母株與子株的一部分連接起來。

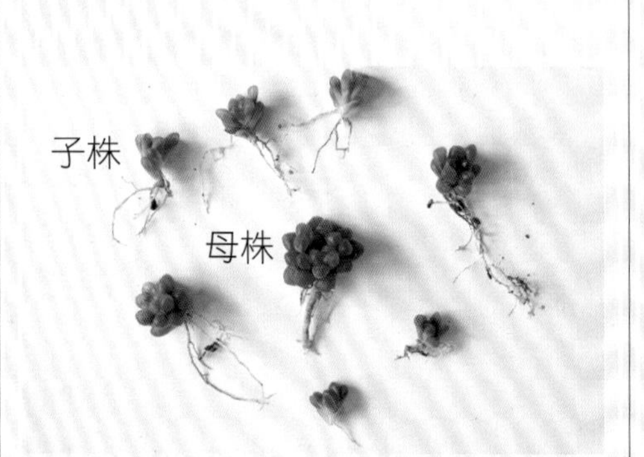

Process 2

包含母株在內，總共分出了8株。接著清除老根和枯萎的下葉。

Process 3

準備一個比植株大一圈的盆栽，握住植株並放在盆栽中間，接著加入介質。

Process 4

種植4～5天後，再開始澆水。

可採用分株法的其他品種

佛甲草屬
貓毛信東尼

生石花屬
紫勳

十二卷屬
玉扇

銀毛球屬
白星

［範例植株］

生石花屬
福來玉

生石花屬多肉會從裂口冒出新芽，植株會隨著脫皮而愈長愈大。

生石花屬的分株方法

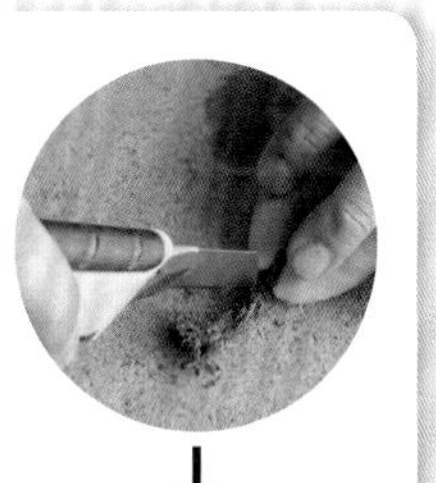

切開植株之前，請換成新的美工刀刀片。

Process 1

去除根部的土團，用美工刀對準中間縱軸線，將植株剖半。接著置於通風良好的半日照處陰乾4～5天。

Process 2

準備一個比植株大一圈的盆栽，握住植株後放在盆栽中間，接著填入介質，加到根部頂端。

Process 3

這種形狀的植株很容易搖搖晃晃的，請倒入硬質的赤玉土（小粒），並加到植株底部以上約1公分的高度，讓植株保持穩定。

仙人掌的分株方法

用手拔出子株，風乾1個月左右。後續作法和生石花相同。

Process 4

種植4～5天後，再開始澆水。

column

該怎麼讓生石花屬脫皮？

生石花每2年脫皮一次，並分頭生長，其中的小型植株會長得很好。植株本身具有用來儲存水分的透明分層，裡面有許多細小的輸送管，這些輸送管會將水分輸送給嬌小的新株。

播種法

擬石蓮屬的播種方法

擬石蓮屬多肉是相對較容易播種繁殖的多肉植物。擬石蓮屬的種子會在20～25℃的溫度環境下發芽。春季前後是適合播種的時期。種子可以從園藝店購買，也可以從開花結果的植株身上取得種子。

＊請選用不含肥料的播種專用土作為介質。

＊依播種數量決定盆器的大小。

蓋普丹殺菌劑（好速殺殺菌劑）

擬石蓮屬的種子
＊裝入各自的器皿。

事前準備

❶ 放入冰箱

播種前一週，將種子放入冰箱裡低溫冷藏，調控發芽之前的狀態，進行催芽。將種子裝進密封的塑膠袋裡，以免水分流進袋子或植株裡的脂肪轉乾，接著放入冰箱的蔬菜隔層。

❷ 種子消毒

擬石蓮屬多肉從發芽到長出幼苗這段期間，須待在高溫潮溼的環境。但黴菌或雜菌極有可能讓植株感染苗立枯病等病害。開始播種之前，請先撒上粉末狀的蓋普丹殺菌劑（好速殺殺菌劑），進行消毒。

適度地施用殺菌劑，依種子的數量調整用量。以鑷子夾取種子並放入準備好的器皿，在器皿上噴灑殺菌劑，將藥劑鋪在種子上。

❸ 使用的新介質

有些已開封的介質，可能因保管不佳而產生細菌。因此播種時，請使用未開封的新介質。

多肉植物可以播種繁殖。不同種類的多肉，繁殖難易度也各不相同。但只要記住播種繁殖的方法，就能自行培育出獨一無二的交配種。

播種的方法

＊1～4請在室內管理。5在戶外執行。

Process 1

事先噴溼盆土表面，以免種子滾動。接著輕敲盤子，讓種子落入盆栽中，均勻地鋪在土上，避免種子重疊。這個步驟不需要覆土。

Process 2

用保鮮膜蓋住盆栽，再套上橡皮筋固定。將盆栽放進已裝好水的器皿中，以浸水的方式來栽培。水位控制在盆栽高度的1/10，並置於室溫20～25℃且有光照的地點管理。請適度地補充水分。

Process 3

約經過1～2週後，植株逐漸發芽。待種子都發芽後，用牙籤在保鮮膜上戳洞，讓內部保持通風，植株可吸收二氧化碳，促進光合作用。

Process 4

發芽2個月後，拿掉保鮮膜和浸水器皿。接下來，將密集生長的幼苗移植到多肉植物專用土中，並且移至戶外。

Process 5

幼苗不耐陽光直射，須置於遮光率60%、通風良好的地點。把盆栽的底網剪成圓形後用以覆蓋盆栽，剛好也能用來遮光。

後續管理

剛移植完的根部暫時不會長太快，這時如果澆太多水，會導致根部浮起，會使植株變虛弱。因此在根部確實伸展開來之前，只需要澆少量的水，澆到表面土壤下方2公分的程度即可。為避免根部浮起，請沿著盆栽邊緣澆水。

專業澆水技術

植物從吸收水分到將水分傳送到生長點，需要花上10個小時左右。當水分抵達生長點時，如果空氣中的溼度夠高，就能促進植物生長。如果想加快植株的生長速度，「隔天會下雨的日子」就是最佳的澆水時機。不過請不要在連續多日下雨的時候澆水。

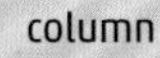

column

這些種類也可以播種繁殖

從種子開始栽培，可以讓我們了解到各類多肉植物的特性（如生長速度等）。有些種類的發芽機率本來就很低，不要因為長不出新芽而氣餒，再接再厲！

仙人掌科

（左）前一年7月中旬播種，經過8個月後，3月中的植株樣貌。

（右）4月中旬。雖然外形還很小，但已長出尖刺，有點仙人掌的樣子了。

蘆薈屬

（左）2月播種，大約經過3週後，3月中旬的植株樣貌。

（右）4月中旬。長得很快，植株高度已經超過盆栽了。

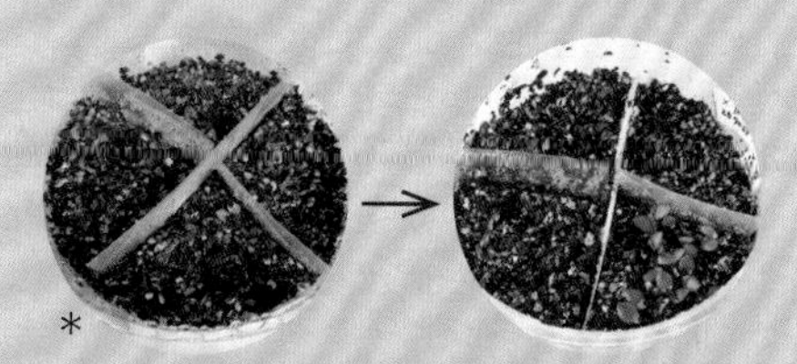

臥牛屬

（左）2月播種，大約經過3週後，3月中旬植株的樣貌。

（右）4月中旬。只有一個區塊發芽，之後還有機會繼續發芽。

3and garden（＊）

解決各種疑難雜症 Q&A

本章節為你解答
栽培多肉植物時，
經常出現的疑難雜症。
同時也介紹
搶救植株的妙招。

》水分

Q1 明明有幫植物澆水，為什麼植株還是乾癟枯萎了？

龍舌蘭屬 嚴龍

A1 因為植株的根系堵塞了。

當植株的葉片由內而外轉為咖啡色，就是水分不足的徵兆。如果有澆水卻還是水分不足，就有可能是因為根系塞住了。以這張照片來說，盆器對植株來說太小了，根部無法生長而得不到足夠的水分。請除掉枯葉與根部，進行移植換盆。夏生型的品種必須在9月中以前移植，往後的照顧方式，就是將植株移植到一個不會壓迫到根部（比植株大一圈）的盆器，並且持續觀察植株的狀況。

如何挽救堵塞的根系？

Process 

將植株從盆栽中拔出來，鬆開土團，整理根部。如果根部變得硬梆梆的，請用剪刀從土團中間縱切下去，鬆開根部土團。

Process 

修剪結塊的根，範例中植株的根部被剪掉了5公分左右。雖然需要修剪枯葉，但請留下健康葉片外圍的1～2片枯葉，這樣就不會剪到和枯葉長在一起的根。

Process 

將修剪過的切口置於通風良好的半日照處，風乾1～2週後，再將植株移植到新的盆器中。範例中的植株具有子株，因此要分別移植到2個盆器中。

後續保養

因根系堵塞而枯萎的植株無法承受壓力，壓力可說是多肉植物們的天敵。移植後的2週期間，都要置於陰涼處管理，觀察植株的狀況。如果中央的生長點變黑而導致植株枯萎，有時就只能放棄了。栽培植物的關鍵，就在於觀察植株、了解植株的狀態。

澆水是栽培失敗的最大元兇。
澆水不當的原因有很多，
像是澆太多水，或是提供適量的水分，
卻因根部狀況不佳導致植株無法吸收水分。

Q2

我家的虹之玉錦整株從下面葉片開始枯萎了。

A2

如果不是自然新陳代謝，就要改善環境。

請先確認葉片的凋落方式及凋落程度。像虹之玉錦一樣莖幹向上生長的品種，隨著生長，植株本身的新陳代謝會促使葉片凋落，這是正常現象，無須擔心。可是如果葉片出現大量凋零的狀況，就有可能是水分不足、根系堵塞、根部腐爛等原因所引起。此外，當葉片發生顏色變透明、觸感變軟的情況時，則是腐敗的證據。請切除腐爛的葉片，調整並改善通風、溼度、光照等環境條件。

Q3

肉錐花屬表面出現皺褶，是不是哪裡有問題呢？

A3

沒問題喔！

肉錐花屬多肉從春季到秋季進入休眠期，這段期間植株表面會因缺水而出現皺褶。隔一年，葉片中間就會長出新葉，所以不必擔心。一直到梅雨季之前，請減少澆水的頻率以減少水分。如果澆太多水，休眠中的植株就會長出新葉，造成重複脫皮，請多加注意。

Q4

葉片變色了，而且摸起來變得軟軟的。

Aloe Tiki Tahi

A4

這表示根部腐爛了。

葉片之所以會變得軟軟的，是因為澆太多水或通風環境不佳，造成根部腐爛。

有些根部腐爛的植株還能救得回來，視情況而定。

如何挽救根部腐爛的植株？

Process 

將植株從盆栽中拿出來，去除腐敗的葉片。

Process 

將植株中央底部腐敗的部分（咖啡色的部分），全部用剪刀取下。

Process 

使用花卉類、觀葉植物專用的殺蟲劑，將殺蟲劑噴灑在修剪的切口上消毒，並將植株置於通風良好的半日照環境風乾。

Process 

待發根後重新種植。

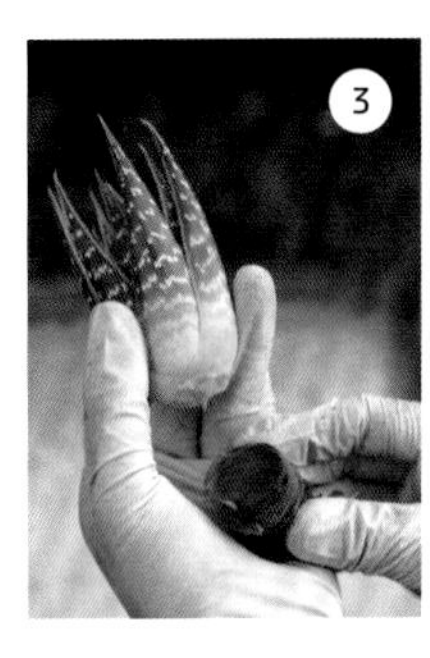

》環境

Q1 蓮花掌屬搖搖晃晃的，整個都變形了。

接收充分光照的黑法師。

A1 植株徒長了，需要翻新。

只要將植株置於光照及通風良好的環境中栽培，蓮花掌屬多肉的莖幹就能夠垂直生長。因為光照不足，植株會向上生長以得到些許的陽光。請在生長期進行翻新。

如何挽救徒長的植株？

Process 

請先留下一根帶有葉片的莖幹，剪掉其餘的徒長莖。如果莖部彎曲了，請修剪彎曲的部分。

Process 

將剪下來的莖幹放進空盆器裡，放置於明亮的陰涼處數天～1週左右，待修剪後的切口風乾。若將莖幹橫放，植株會為了垂直生長而變彎曲，所以請直立放好。

Process 

將莖幹插入介質中，置於日照良好的地方管理。如果植株發根了，種植完成後要馬上澆水，這樣就完成了。如果沒有發根，則須等1週左右再開始澆水。

Process 

如果要將植株移植到其他盆器，要等到新芽長出來之後再移植。上方的照片是翻修後的莖，下方照片則是原本的植株。兩個盆栽都要拿到光照良好的環境管理。

植株處於日照或通風等條件不佳的環境，
會變得愈來愈不健康。
植株看起來不太好時，請改善環境條件。
有時只要換個地點，就能讓植株重振精神。

Q2

我把生石花屬養在窗邊，但植株的某些部分枯萎了。

A2

這表示植株徒長，須改善栽培環境。

由於放置地點日照條件不佳，植株為了得到光照而徒長，有些部分甚至枯萎了。除了盛夏時期以外，其餘時間請將植株移至日照充足的地方。只要環境改善了，植株就能夠在下一次脫皮時，恢復原本低矮的外形。生石花屬多肉很耐寒，請放在不會淋到雨的屋簷下。比起放在室內栽培，植株更適合放在室外。

Q3

生石花屬的植株底部不但變黑，還搖搖晃晃的。

A3

光照不足造成根部腐敗。

植株出現根部腐敗的問題。除了澆太多水之外，日照或通風不佳也可能是造成根部腐敗的原因。除此之外，也有可能是出於物理性的因素，導致植株底部受傷，細菌繁殖擴大。請調整放置的地點、改善管理方式，並觀察植株的健康狀況。如果植株繼續處於這種狀態，就算剪掉腐爛的部分也於事無補。

Q4

玉露的葉片接連掉落，整株看起來也很沒精神。

A4

逐漸改善環境才能挽救虛弱的植株。

本來應該有外葉的植株，卻因徒長而失去外葉；原本長在外葉底部的根也沒了，因此植株無法充分吸收水分。也有可能是因為日照不足或通風不佳等問題所引起，可是如果突然將虛弱的植株移到戶外，植株會因為壓力過大而變得更虛弱。請將植株置於室內，接收透過窗簾照射的日光，等植株慢慢習慣光照後，再移至戶外。這段期間請不要澆水。

Q5

有些多肉的品種在寒冷季節時必須移至室內，請問所有放在室內的植株一定都得休眠嗎？

A5

不休眠也沒關係。

每個品種情形各有不同，但整體來說不休眠也沒關係。無論是哪種生長類型，生長適溫都不同，只要參考植株的生長類型，將溫度控制在夜晚氣溫以下，就能讓植株更接近休眠狀態。不過，即使植株不休眠也沒關係，只要讓植株在相同環境下栽培1～2年，就會習慣該環境條件，進而適應環境。不過，如果是低於最低可耐溫度的環境，植株會在習慣之前就枯萎了。比起讓植株好好休眠，做好防寒措施反而更重要。

栽培

Q1 葉片長得亂七八糟的。

十二卷屬　蟬翼玉露

A1 請幫植株分株。

子株生長旺盛，最後一定會壓迫到植株。而且照片裡根系也塞住了，部分的葉片凋落，葉片顏色也變得不好看。如果超過2年未進行移植換盆，植株就有可能變成這樣。如果植株正好處於適合分株的時期，請進行分株；如果不適合分株，那至少要換盆移植。

如何挽救蓬亂的植株？

Process 1

仔細鬆開根系。白色的根是健康的根，如果根部鬆鬆軟軟的、呈現咖啡色，則表示根部枯萎了，請用小鑷子等工具去除爛根。

Process 2

從外側取下子株。由上而下拔下，盡量不要拔到根部。子株長出來時，根系早就開始堵塞了，所以這個時候是「剛好踩線」的移植時機。

Process 3

將母株移植到獨立的小盆栽中（中後方）。小顆的子株則移植到大盆栽裡，擺放成群生株的樣子（右）。一整顆的大子株和小子株，則移植到另一個盆栽裡（左），這兩顆子株不會互相壓迫，不用分開來種植。

為你解答多肉植物
生長期間的必備知識與技巧，
公開更有趣、
更豐富的栽培技術！

Q2

我想混合種植擬石蓮屬的多肉植物，能自由搭配嗎？

A2

建議單一栽培。

擬石蓮屬多肉不喜歡悶熱的環境，建議單獨培育。如要混植多個多肉植物，請選擇生長期相近的品種，同時考慮各品種的特性，配合植株的生長狀況來修剪新芽，提供植株適當的照顧。盆栽裡如塞得太滿，會造成植株的通風不佳，請留下適度的空間。另外也要留意放置地點，避免植株處於溼氣太重的環境。

植株間保持通風。

Q3

蒴蓮屬的葉片掉光了，難道植株已經枯萎了嗎？

A3

這是冬季的正常現象。

蒴蓮屬多肉屬於夏生型，冬季時期發生這個狀況是正常現象。植株的枝幹並沒有受傷，只要放在戶外管理至5月中左右，植株就會一如往常地長出新葉。不過，如枝幹表面變軟、變色，則有可能是植株內部潰爛了。如果摸起來很像海綿，則可能是水分不足所引起，到了生長期時請替植株澆水。

Q4

可以在什麼時候購入多肉植物？是否有推薦的時間點？

A4

想買的時候，就是購買的最佳時機！

一般來說，培育多肉植物的廠家多半不會在休眠期出貨。也就是說，我們在店面裡看到的植株都是適合購買、正處於生長期的品種。如果你想查詢植株的品種，卻找不到品種標籤的話，這時就可以依據購買時間來推測植物的生長類型。

Q5

把想要的多肉買回家後，應該馬上動手移植換盆嗎？

A5

請確認適合移植時間，以及根部狀況。

如果植株正值適合移植的時期，可以將植株從盆器中拔出來，檢查根部的狀況。如果發現根系堵住了，就要移植到大一圈的盆器裡。有時廠商會為了方便流通而採用大盆栽，若保水性太好，反而可能引起植株根部潰爛的問題，所以這時就要將植株移植到小一點的盆器裡。盆器邊緣與植株之間，留有一根手指頭的距離，就是最適合的盆栽大小。如果還沒有到適合移植的時期，便不需要刻意移植。

全書植物 索引

塊根植物 Caudex

十二卷屬 Haworthia

擬石蓮屬 Echeveria

仙人掌科 Cactus

番杏科 Aizoaceae

大戟屬 Euphorbia

龍舌蘭屬＆蘆薈屬 Agave & Aloe

其他多肉植物 Other Succulents

●監修

靍岡秀明

鶴仙園的第三代繼承人。鶴仙園創立於1930年，是位於東京的多肉植物與仙人掌老店。鶴仙園用心栽培管理，培育出健康強壯的植株，同時也進行販售。座右銘「仙人掌之愛」深刻傳達出他的栽培理念。

長田研

在靜岡縣經營以多肉植物、仙人掌為主的植物栽培園「仙人掌長田」。積極引進新品種，對日本國內尚未介紹的品種瞭若指掌。

松岡修一

位於奈良縣的多肉植物生產批發商，TANIKKUN-KOUBOU的經營者。亦從事擬石蓮屬、大戟屬、十二卷屬等多肉植物新品種的栽培工作。

山城智洋

大阪的多肉植物、仙人掌專賣店「山城愛仙園」第二代繼承人。曾在花卉市場工作過，從事多肉植物與仙人掌的生產及進出口貿易。擁有豐富的多肉品種知識，用心栽培植物，得到許多收藏家的信任。

美術指導
岡本一宣

設計
小埜田尚子、加瀬梓、佐々木彩
（O.I.G.D.C.）

攝影
田中雅也、桜野良充、竹前朗、
徳江彰彦、成清徹也

採訪・攝影協力
ATELIER TOKIIRO、鶴仙園、
カクタス長田、たにっくん工房、山城愛仙園

照片提供
3and garden

插畫設計
金子真理、楢崎義信

編輯協力
倉重香理（3and garden）、
鶴岡思帆（3and garden）

企劃・編輯
阿川峰哉（NHK 出版）、
相原佳香（NHK 出版）

多肉植物的完美養成攻略

出　　版／楓葉社文化事業有限公司
地　　址／新北市板橋區信義路163巷3號10樓
郵 政 劃 撥／19907596 楓書坊文化出版社
網　　址／www.maplebook.com.tw
電　　話／02-2957-6096
傳　　真／02-2957-6435
翻　　譯／林芷柔
責 任 編 輯／江婉瑄
校　　對／邱鈺萱
內 文 排 版／楊亞容
港 澳 經 銷／泛華發行代理有限公司
定　　價／350元
出 版 日 期／2021年1月

國家圖書館出版品預行編目資料

多肉植物的完美養成攻略 / 靍岡秀明等監修 ;
林芷柔翻譯. -- 初版. -- 新北市 : 楓葉社文化
事業有限公司, 2021.01　面；　公分

ISBN 978-986-370-250-4（平裝）

1. 多肉植物 2. 栽培

435.48　109017396